谭大容　著

笑话、幽默与逻辑

（第六版）

上海古籍出版社

图书在版编目(CIP)数据

笑话、幽默与逻辑/谭大容著. —6 版. —上海：
上海古籍出版社,2011.12 (2015.5重印)
ISBN 978-7-5325-6155-1

Ⅰ.①笑… Ⅱ.①谭… Ⅲ.①形式逻辑—通俗读物
Ⅳ.①B812-49

中国版本图书馆 CIP 数据核字(2011)第 229594 号

笑话、幽默与逻辑
(第六版)

谭大容 著

上海世纪出版股份有限公司
上 海 古 籍 出 版 社 出版
(上海瑞金二路 272 号 邮政编码 200020)
(1)网址：www.guji.com.cn
(2)E-mail:gujil@guji.com.cn
(3)易文网网址：www.ewen.cc
上海世纪出版股份有限公司发行中心发行经销
上海惠顿实业公司印刷

开本 890×1240 1/32 印张 11 插页 2 字数 238,000
2011 年 12 月第 1 版 2015 年 5 月第4次印刷
印数：8,701-9,800
ISBN 978-7-5325-6155-1
B·764 定价：28.00 元
如有质量问题,请与承印公司联系

初 版 前 言

　　每当我们读到一则优秀的笑话或幽默,总会情不自禁地捧腹大笑或会心微笑。笑声过去,我们又总会领悟到其中所包含的严肃的思想,正直的是非观念以及鲜明的爱憎感情。于是,我们从中受到教育,得到启迪,陶冶了情操,丰富了情趣,美化了生活。

　　然而,在本书中,笔者着重要让大家领略的,则是包含在笑话与幽默中的逻辑思想。

　　让我们来欣赏一则幽默吧!

　　父:"混蛋,老师教你不要骂人,为什么又在骂人?"

　　子:"你刚才还在骂我呢!"

　　父:"我又不是学生。"

　　这位父亲以骂人的方式来教育儿子不要骂人,实属可笑,值得幽默!从逻辑上讲,他违反了形式逻辑的一条基本规律——矛盾律,犯了"自相矛盾"的逻辑错误。当其子不自觉地抓住这条"辫子"时,他还要狡辩。他的狡辩可以整理为如下推理:

　　学生是不该骂人的;

　　我不是学生;

　　所以,我是该骂人的(我不是不该骂人的)。

　　这是一个形式错误的三段论推理,它违反了"在前提中不周延的词项在结论中不得周延"这条三段论规则,犯了"大项扩大"的错误。于是,这位父亲错上加错,可笑而又可笑。他怎么能达到对儿子进行有效教育的目的呢?

以上所提及的逻辑用语以及这则幽默中所包含的逻辑道理,也许你要在读完这本小书后才会完全明白。但是,我们至少可以从中看出,笑话或幽默之所以引人发笑,总是有其逻辑基础的。

在本书中,我们精选古今中外笑话与幽默数百例,加以改写或整编,并以之为实例对逻辑知识进行系统而通俗的讲述,以揭示笑话与幽默其所以引人发笑的逻辑基础。从而使读者既能较为集中地欣赏到多种类型的笑话与幽默,又能轻松愉快地学到许多人想学而又苦于抽象难学的逻辑知识。

同时,从另一侧面看,对笑话、幽默进行逻辑分析,也可视为一种理论性探讨。因此,本书对于笑话,幽默的创作者、研究者(拙著中所引笑话、幽默有少量为笔者个人创作)以及逻辑教学与研究工作者来说,或许也具有一定的参考价值。

将笑话、幽默的改写或整编与逻辑知识的系统而又通俗的讲述相结合,这无疑是一项新的和有益的工作。它要求作者必须把逻辑思维与形象思维巧妙地统一起来加以综合运用。笔者作为一名普通的逻辑教学工作者,对此要求,实感力不从心。书中不当之处,恳请广大读者指出。

作　者

1986 年 1 月 21 日

第 4 版修订小序

本书自 1986 年面世以来,承蒙读者厚爱,连续五次印刷,总发行量已近九万册。笔者亦从一封封热情洋溢的读者来信中,切身感受到逻辑知识与幽默智力开发相结合而生发出来的社会效益!

幽默逻辑是一门同人们的日常生活紧密相连的新兴的人文科学应用性交叉学科,我们对她的探索和研究从一开始就注意到应将科研、教学、普及与应用结合起来。《笑话、幽默与逻辑》的写作与修订正是在这样的思想指导下进行的。

本书第 3 版曾作较大修订,第 4 版又对全书进行了修改。本书的修订,包含了众多读者的心血,因为好些读者来信(来信者的最低文化水平为高小,而最高为大学教授)都在肯定本书的同时,提出了宝贵的修改意见。在此,谨向这些目前来说大多数尚属我未曾相识的朋友们表示衷心感谢!

到目前为止,笔者尚未发现我国出版过除《笑话、幽默与逻辑》之外的幽默逻辑著作(也许是我视野太狭窄了吧),因此,这个修订本亦不可能是很完善的。在此,恳请广大读者同我们一道,在这块刚开垦不久的土地上共同耕耘——这是一片希望的田野!

作　者

1995 年 9 月 10 日

第 5 版改版小序

本书自 1986 年面世以来,已由重庆大学出版社出版 4 版,由于该社版权期已过,经修改后的本书第 5 版改由北京大学出版社出版。

10 年前,我在本书《第 4 版修订小序》中说:"幽默逻辑是一门同人们的日常生活紧密相连的新兴人文科学应用性交叉学科,我们对她的探索和研究从一开始就注意到应将科研、教学、普及与应用结合起来。《笑话、幽默与逻辑》的写作与修订正是在这样的思想指导下进行的。"10 年后的今天,当我又一次修订完本书后,发现自己干的不过是"旧瓶掺新酒"的事。这个"旧瓶"就是上述"这样的思想";"掺新酒"而不说"装新酒"是仅将拙著掺乎点新东西而已,是"修订"而非"新作"。

本书《第 4 版修订小序》中还提到:"到目前为止,笔者尚未发现我国出版过除《笑话、幽默与逻辑》之外的幽默逻辑著作(也许是我视野太狭窄了吧),因此,这个修订本亦不可能是很完善的。在此,恳请广大读者同我们一道,在这片刚开垦不久的土地上共同耕耘——这是一片希望的田野!"话说这片希望的田野,不能不说到我至今未曾相识的孙绍振先生,是他的《幽默逻辑》(见《孙绍振幽默文集》第 3 卷;广东旅游出版社 2004 年第 1 版)独创幽默二重"错位"逻辑之说。孙先生于 20 世纪 90 年代初开始幽默学研究,

1

就其本世纪初面世的《幽默逻辑》,已有评论说:"他所揭示的逻辑错位论,可算是一个大发现",而且,其表达方式易于读者理解,"是与普通读者同步"的。孙先生的《幽默逻辑》无疑是这片希望的田野上盛开出的一朵奇葩。

孙先生于20世纪80年代中期在我国文学理论界已享有名气,现在他是中国文学理论学会副会长,而笔者虽说也早在80年代中期就出版了这本拙著,而且一版再版,但却名气全无,有的只是"傻气"。其"傻"在于,孙先生明明已首创二重"错位"逻辑说,而笔者仍持与之有别的另一种幽默逻辑论调(读者从拙著的逻辑规律部分可较为集中地看明白)。不过,笔者深感欣慰的是,此处总有一半与孙先生相同——同有一个"气"字。也许,正是这个共同的"气"字能使幽默逻辑这片希望的田野多姿多彩,从而更加充满希望!

从幽默理论看,上面一段话可析为"自嘲"。时逢今年重庆市高考大作文题(另有一小作文题《筷子》,对此,拙著中也有涉及)亦为《自嘲》。据报载,有些考生"在考试结束后号啕大哭",认为考题偏难,偏怪。但更多的人,特别是有关专家则认为此题见难非难,见怪不怪。这正是素质教育思想在高考改革方面的一次精彩实践,旨在引导考生要提高各方面的素质修养。其中,当然包含幽默素养。美国作家赫布·特鲁在《幽默的秘诀》一书中,将"自嘲"列入最高层次的幽默;有论著说:自嘲其所表露的是情感,其所隐含的则是智慧;我们说,包含自嘲在内的幽默是形象思维和逻辑思维相结合的有效应用。而要使应用有效,我们理应特别注意联系生活,联系实际,努力提高自己的幽默逻辑素养。推而广之,要使我们的人生美好、学业有成、事业成功,就要大力提高自身的人文素质以及各方面素养。笔者作为一名普通的人文社会科学普及与推广工作者,希望能从幽默逻辑的普及推广做起,并尽力扩大范围,为提高我们民族的人文素质尽力。力不从心以及错谬之处,敬希广大读者和专家批评指正。

本书的多次修订,包含了众多读者的心血,因为许多来信都在肯定本书的同时,提出了宝贵的修改意见。本版由北京大学出版社综合编辑部主任杨书澜女士与《逻辑时空》丛书主编刘培育先生商定,纳入该丛书。其间,杨女士和刘先生均提出不少修改意见,这些意见对本版书的修订乃至我今后的写作大有裨益。另外,责任编辑校正了原稿的不少笔误和排版格式错误,在此,一并表示衷心感谢。

谭大容

2005 年 6 月 8 日

第 6 版改版小序

本书第 1 至 4 版由重庆大学出版社出版,第 5 版由北京大学出版社出版,第 6 版由上海古籍出版社出版。

本书出版 25 年来经久不衰,直到 2008 年仍连续两年入围北京大学出版社文史哲类图书销售前 20 名,这使我再次感受到逻辑知识与幽默智力开发相结合而生发出来的社会效益!

本次修订改版坚持"变"与"不变"相结合的原则。

先说"不变":

1. 本书写作与出版的意义不变。

通过逻辑知识与幽默智力开发相结合的表现手法,使广大读者既能较为集中地欣赏到多种类型的笑话与幽默,又能轻松愉快地学到许多人想学而又苦于抽象难学的逻辑知识,从而为提高我们民族的逻辑思维素质与人文素质尽力;另一方面,由于本书注重将普及、教学、科研与应用相结合,因而笔者不仅关注逻辑与人文知识的普及与应用,而且在多种场合下,实际上在与笑话、幽默的创作者和研究者以及逻辑教学与科研工作者对话。

2. 本书的基本结构不变。

二十多年来,广大读者对本书的认同感说明:这种结构有利于表现以上意义。

再说"变":

"变"就是与时俱进、力求创新。

本书第 6 版较之第 5 版来，无论对笑话、幽默或是逻辑理论或是对二者如何更好结合上，都添加进一些体会，以此向读者请教。另外，删掉了既过时又于当今读者益处不大的笑话、幽默实例，同时增添了一些经典性的或富于时代感的笑话、幽默实例，并对之加以新的逻辑分析。

"青山依旧在，几度夕阳红"，本书初版时，笔者四十出头，在历经诸多蹉跎岁月后，仍当年壮；而今，已年近"古稀"！感叹时空无限，岁月如梭。不知能有几度夕阳红！好在"古今多少事，都付笑谈中"！若能让《笑话、幽默与逻辑》（第 6 版）在人们的笑谈中增知添智，那么，笔者也会感知到"夕阳无限好"的乐趣了。

《笑话、幽默与逻辑》（第 6 版）能够迅速面世，要感谢上海古籍出版社六编室主任童力军的辛勤劳动，他亲自担任责任编辑，从而使拙著以全新的面目展示在读者眼前！

本书虽经二十余年来多次修订改版，但因笔者水平有限，错漏之处在所难免，恳请广大读者、专家批评指正！

目　录

好好想一想

——逻辑是关于思维的科学

一则题为《健忘草》的日本笑话说：

一个货郎挑着满满一担货物来到一家客店投宿。贪财的老板娘跟她的丈夫商量道："咱们能不能想个办法,把货郎的担子留下来?"

"这好办!"丈夫说,"你在为他炒菜时加进一把健忘草。谁吃了这种草,准得忘掉一件事。货郎能忘掉什么呢? 当然只有他的担子咯!"

老板娘高兴地照办了。可是。第二天一早醒来后,发现货郎和他的担子都不见了。

"凭着健忘草的威力,他一定会忘记一件事情的呀!"

丈夫对老板娘说:"你再好好想一想!"

突然,老板娘猛拍了一下自己的脑门:"我想起来了。天呀! 他忘记付咱们房钱啦!"

再看一则外国幽默《称一称你的儿子》：

一位妇女急匆匆地走进一家商店：

"五分钟前我让小儿子来买一磅果酱。回去时分量不够,这该怎么解释?"

售货员礼貌地答道:"太太,请回去称一称您的儿子。"

1

以上笑话和幽默,都贯穿了主人公的思维过程。

所谓思维,或思维过程,简单地说,就是人们"动脑筋"、"想办法"、"找答案"的过程。

老板娘和她的丈夫,为"把货郎的担子留下来"而"想办法",以至这办法不灵时他们的一番思索,直至老板娘通过再"好好想一想",最后终于"想起来了"。如此等等,这里面都无不包含着人们常说的思维或思维过程。

那位妇女之所以要急匆匆地走过一家商店,这显然也是事先经过一番思索的。而售货员那礼貌的回答,其目的也无非是为了启发太太再思索一番,从而使她通过"想一想"之后能够找到如下的答案,即:一磅果酱之所以不够分量,原因是她的小儿子在回家的路上"偷了嘴"。

思维现象对于每一个活着的人来说,都是每时每刻必不可少的。思维活动一旦停止,人的生命也就随之结束。能思维,是人之所以为人并区别于其他动物的一个显著特征。而逻辑,则正是关于思维的科学。

一

"不值一块钱"

——逻辑是关于思维形式的科学

逻辑是关于思维的科学。但是，这句话不能倒过来说成"关于思维的科学就是逻辑"。因为，以思维作为研究对象的科学远不止逻辑。比如，哲学，心理学，生理学等等，都要研究思维。那么，逻辑研究思维与其他研究思维的科学有何不同呢？

于是，我们必须进一步指出：逻辑是关于思维形式的科学。

逻辑并不研究思维过程的一切方面，它只从思维过程中抽象出思维形式来加以研究。

所谓思维形式，就是思维的类型，又叫思维形态。它是思维认识世界、反映世界的形式。思维的基本形式有三种类型：概念、判断、推理。

思维形式和语言形式总是联系在一起的。因为思维是看不见、摸不着的东西。有谁能看见一个人在想什么？又有谁能摸得着一个人在怎么想？人的思维过程或思想结果只有用语言表达出来，别人才知道。思维形式必须与语言形式相对应。思维的基本形式有概念、判断、推理，语言的基本形式有词和词组、句子、句群。一般说来，概念由词或词组表达，判断由句子表达，推理由复句或句群表达。这就是人们常说的思维形式与语言形式的对应关系。

我们以下面的幽默为例，来分析思维形式和语言形式之间的对应关系。

不 值 一 块 钱

英国文学家肖伯纳在一个晚会上,独自坐在一旁想着自己的心事。

一位美国富翁非常好奇,他走过来说:"肖伯纳先生,我愿出一块钱来打听您在想什么?"

肖伯纳抬头看了一眼这富翁,略加思索后说道:"我想的东西不值一块钱。"

富翁更加好奇地问:"那么,你究竟在想什么呢?"

肖伯纳笑了笑,回答说:"我在想您啊!"

我们可以将肖伯纳的如上思维过程,用典型的逻辑语言整理表达如下:

我想的东西不值一块钱;

那位富翁是我想的东西;

所以,那位富翁不值一块钱。

在这个思维过程中,每一思维形式,都与特定的语言形式相对应。

这一思维过程,从思维形式上看,是由三个判断组成的一个推理;从语言形式上看,则是由三个句子组成的一个句群。其中,划横线的部分,从思维形式上看,分别都是概念;从语言形式上看,则分别是词组。

对于任一思维过程来说,逻辑所要研究的,仅仅是包含在其中的思维形式,即概念、判断和推理。所以,我们在懂得"逻辑是关于思维的科学"的基础上,必须进一步懂得:"逻辑是关于思维形式的科学"。

"五百只鸭子"·"大山评理"

——形式逻辑是关于思维的逻辑形式及其规律的科学

如上所说,逻辑是关于思维形式的科学。但是,逻辑有形式逻辑,有辩证逻辑,还有数理逻辑。这三种逻辑是不同的逻辑,又同样都是逻辑。我们这本书中所涉及的逻辑不是辩证逻辑,也不是数理逻辑,而是形式逻辑(普通逻辑)。以下,我们都在普通形式逻辑这个意义上使用逻辑一词。

那么,逻辑——形式逻辑是怎样研究思维形式的呢?

形式逻辑只研究思维的逻辑形式。思维的逻辑形式又叫做思维形式的结构。

所谓思维的逻辑形式是指不同的具体思维内容之间的共同的联系方式。我们知道,人们各自的具体思维内容是千差万别的。无论是概念,或是判断,乃至推理,它们都各自概括了无数人的千差万别的具体思维内容。但是,不同的具体思维,尽管在内容上千差万别,而它们的联系方式,则可能是相同的。

请看下面两则幽默——

五百只鸭子

课堂上,老师对吵闹不休的女学生说:"两个女人等于一千只鸭子。"

不久，师母来校。一个女学生赶忙向老师报告："老师，外面有五百只鸭子找您。"

歌 德 让 路

德国诗人歌德在公园散步。与一位批评家在一条仅能让一人通行的小路上相遇。

"我从来不给蠢货让路。"批评家说。

"我恰好相反！"歌德说完。笑着退到了路边。

这两则幽默，一则是中国的，一则是外国的。它们在具体思维内容上，完全不同。但是，它们都包含了一个其思维内容之间的联系方式完全相同的推理。

让我们把这两个推理分别整理表达如下：

那个女学生的推理——

　　一个女人等于五百只鸭子；

　　师母是一个女人；

　　所以，师母等于五百只鸭子。

歌德的推理——

　　凡是蠢货到来我都让路；

　　某某批评家到来是蠢货到来；

　　所以，某某批评家到来我让路。

可以看出，这两个推理都一样由三个概念组成。（组成第一个推理的三个概念是：一个女人，师母，等于五百只鸭子；组成第二个推理的三个概念是：蠢货到来、某某批评家到来、我让路）而且，其中，每个概念都在各自所属的推理中出现两次，同时，这两个推理都分别包含三个判断。如果我们用 M、S、P 来表示各个推理中相应的三个概念，那么，显然，这两个推理的具体思维内容之间，就有着如下相同的联系方式,即共同的逻辑形式——

　　　所有 M 是 P;

　　S 是 M;

　　　∴S 是 P。

具有不同思维内容的判断,其逻辑形式也可能一样。

请看下面一则外国幽默:

考　试

哲学试题中有一题是:"如果这是问题,请回答。"

有个学生的答案是:"如果这是答案,请评分。"

结果。这个学生得了个甲等。

在此,试题和答案的具体思维内容不同,但其逻辑形式则都是:如果 p,则 q。

透过这颇具幽默感的一问一答,我们可以看出,这个学生之所以能得甲等,正是他认识到了在试题和他自己的答案这两个思想内容不同的判断间,具有完全相同的逻辑形式:

　　如果 p,则 q。

在笑话与幽默的创作和欣赏过程中,通过对逻辑形式相同而思维内容不同情况的对比可以释放出与此不同的多种情趣。例如:

大 山 评 理

一对乡村夫妇被邀请进城参加婚礼,可是路程遥远,来回需要整整一天时间,家里又有不少活要干,所以他们俩当中只能一人进城。

"你应该留在家里,"妻子说,"你常常进城,可我整年呆在家里!"

"不,这不行,"丈夫说,"我还要和城里的朋友商量一件重要的事情。"

两人就这样吵来吵去,互不相让,谁也不想留在家里。

妻子终于想出一个好主意:山谷对面有一道会说话的山墙,如果人们对这道山墙喊话,它马上就会给予回答。

于是妻子提议:"我们可以问一下大山,究竟谁该参加婚礼。"

他俩来到山墙前,丈夫抢先大声喊道:"我应该参加婚礼还是留在家里?"

"留在家里!"大山回答。

该妻子问了,她冲着山墙也大声喊道:"我应该留在家里还是参加婚礼?"

"参加婚礼!"大山回答。

"你听听!"妻子说,"大山同意我参加婚礼!"

丈夫无可奈何地耸耸肩膀。妻子欢天喜地地进了城,度过了愉快的一天。

在这则德国幽默故事中,妻子的聪明在于她认清了山墙回音的规律。据此,她作了如下判断:如果我喊话的最后是"参加婚礼",那么,山墙的回音就一定是"参加婚礼";而丈夫的无知也正在于他没有认识到山墙回音的规律,他急于参加婚礼的紧迫心情使他误以为:如果我先喊"参加婚礼",那么,山墙的回音就一定是"参加婚礼"。这里,丈夫和妻子所作相反内容的判断,其逻辑形式与前面一则幽默完全相同:

如果 p,则 q。

这两则不同的幽默,通过对逻辑形式相同而思维内容不同情况的对比所释放出来的情趣显然有别,而这不同的情趣正显现了幽默让我们的生活丰富多彩的特色!

把形式逻辑的逻辑形式与笑话、幽默的丰富内容联系起来的幽默逻辑确实可以让我们既能轻松愉快地学到许多人想学而又苦于抽象难学的逻辑知识,又能够让我们理性地领悟到使我们生活丰富多彩的多种幽默情趣。

形式逻辑这门科学不同于其他各门科学的特点,正在于它从千差万别的具体思维内容中抽象出一些思维的逻辑形式出来加以研究,研究它们的结构规律以及各种不同逻辑形式之间的真假关系,同时也研究一些如像定义、划分、限制与概括之类的简单的逻辑方法(这些逻辑方法也包含其固有逻辑形式和规律),从而指导具体思维实际,为正确认识事物和准确表达思想服务。

现在,我们可以给形式逻辑下一个较为完整的定义了——形式逻辑是关于思维的逻辑形式(形式结构)及其规律的科学,同时也研究一些简单的逻辑方法。

在笑话与幽默中,总会包含着一些概念、判断或推理。而这些概念、判断或推理总有其固有的逻辑形式。我们分析这些隐藏在复杂语言现象之中的逻辑形式(形式结构),其中,包括一些简单的逻辑方法,掌握它们的规律,从而了解笑话与幽默其所以引人发笑的逻辑基础,这对于提高我们的思维能力和表达能力,增进我们的智慧,丰富我们的知识,开阔我们的视野,陶冶我们的情操,等等,都是不无益处的。

关于《五百只鸭子》这则幽默,我们需要补充说明两点:

第一,这则幽默中所包含的那个女学生的推理,还有一个:

如果两个女人等于一千只鸭子，

那么，一个女人就等于五百只鸭子，

两个女人等于一千只鸭子；

所以，一个女人等于五百只鸭子。

而且，上文中的那个推理正是以这个推理的结论作为出发点的。这个推理的逻辑形式是：

如果 p，则 q；

p

∴q。

具有这种逻辑形式的推理叫做充分条件假言推理。

第二，《五百只鸭子》这则幽默中所包含的两个推理，我们在此仅指出其逻辑形式，而未涉及它们的结论是否正确的问题，也没有涉及构成推理的那些判断是否真实的问题。我们将在具体讲推理时讲清这些问题。

第三，《五百只鸭子》这则幽默中所包含的推理，当然不只这两个。而且，揭示该幽默逻辑基础与逻辑力量的形式也不仅仅是推理。这些，我们都将在本书的续编《笑话·幽默逻辑赏析》里给予较为全面的分析。

四

"我教老师"·"谈鸡"

—— 概念是反映事物本质和范围的思维形式

我 教 老 师

头一天去上学的儿子放学回家,妈妈问:"孩子,今天老师都教你些什么?"

儿子说:"他什么也没教给我,反倒问我,'一加二是几?'我教他说,'是三'。"

读了这则小幽默,你一定被这个天真儿子的有趣回答逗乐了。

这个天真儿子的回答,其逗人发笑的逻辑基础在于,他不明确"教"这个概念。

概念是反映事物本质和范围的思维形式。

思维的基本形式有概念、判断、推理。而概念是最基本的思维形式,它是思维的细胞。判断和推理都由它组成,它是形成判断和进行推理的基础。因而,一般逻辑教科书往往把"概念"作为系统讲述思维形式和思维规律的起点。

概念作为一种思维形式,它总是对事物的反映。逻辑学所指事物包括一切认识对象。从有形物体到无形思想,从自然现象到社会现象以至于精神现象,从各种具体事物到事物的各种性质(如颜色、动作、行为、状态、气味等)和关系(如"大于"、"在……上"、"在……之间"等),只要人们将它当作认识对象的,都是逻辑学所

11

指事物范围。

"教"是人的一种动作、行为,在这则小幽默中,它是作为人们的认识对象而出现的。因此,属于逻辑学所指事物范围。

任何概念都是从事物的本质和范围这两个方面来反映事物的。因此,明确一个概念,就要对这个概念所反映的事物本质和事物范围这两个方面加以明确。

首先,概念反映事物的本质。

任何事物都有许多性质,同时,任何事物都和其他事物发生一定的关系。事物的性质和事物之间的关系通称为事物的属性。事物与其属性是紧密相联不可分离的。各种事物由于属性的相同或相异而形成各种不同的类。具有相同属性的事物组成同一个类,具有不同属性的事物组成不同的类。以幽默《三角钱的书干吗要我十块钱》为例:

> 儿子:"爸爸,给我十块钱。"
>
> 父亲:"干什么?"
>
> 儿子:"我要买本书。"
>
> 父亲:"什么书就要十块钱?"
>
> 儿子:"是《三角》。"
>
> 父亲:"三角钱的书干吗要我十块钱?"

"十块钱"、"三角钱"……组成"钱"这一类事物。"钱"这一类事物具有相同的属性。"《三角》"、"《几何》"、"《代数》"……组成"书"这一类事物。"书"这一类事物也具有相同的属性。但是,"十块钱"、"三角钱"和《三角》,则分别属于"钱"和"书"这两类不同的事物。不同类的事物,其属性是不同的,二者不可混淆。儿子要买的《三角》是书,而其父却将"书"与"钱"混为一谈,由此发出

"三角钱的书干吗要我十块钱?"这个可笑的疑问。其闹笑话的逻辑根源就在于不懂得这个事物因属性的相同或相异而形成不同种类的道理。

在一类事物的众多属性中,有些属性是非本质的,即是说,对该事物之所以成为该事物不起决定作用的。比如,人这一类事物具有会哭、会笑、会走路等属性。但这些属性对于人之所以为人并不起决定作用。我们把事物的这种属性称为非本质属性。而事物属性中还有一种是能够决定该事物之所以成为该事物并区别于他事物的属性。比如,人这一类事物,具有两足直立、能思维、有语言、能制造和使用生产工具等属性,这些属性都能决定人之所以为人,并能使我们依据这些属性把人和其他动物区别开来。这种能够决定某事物之所以成为某事物,并能将该事物同他事物区别开来的属性叫做事物的本质属性。

当然,本质属性也有初级本质和深刻本质之分,还有这一方面的本质和另一方面的本质之分。比如,"两足直立"只是人的初级本质,而"能制造和使用生产工具"是人的较为深刻的本质。又如,从物理性质方面看,水的本质是"无色、无味的透明液体,在一个大气压下,沸点为100℃,冰点为0℃"等,而从化学性质方面看,水的本质则是"由两个氢元子和一个氧元子组成的化合物,其分子式是H_2O"。

无论是事物的初级本质或是深刻本质,也无论是事物的这一方面本质或是另一方面本质,由于对该事物都能起某种意义上的决定作用和某种程度上的区别作用,因此,我们都称它们为事物的本质或本质属性。而概念,则总是反映事物本质属性的。

"教"这个概念所反映的本质属性是"把知识或技能传授给

人",而那位孩子把他回答老师的提问当作是他在"教"老师,显然是混淆了"教"和"学"这两类事物之间的本质差别。这说明,他对"教"这一概念所反映的事物本质是不明确的。

概念在反映事物本质的同时,还反映事物的范围。

逻辑学所研究的概念,主要是反映一类一类事物的概念,即类概念。这种类概念把个别事物当作由一个分子组成的类,把一般事物当作由若干分子组成的类。由分子组成类,由小类组成大类。大类相对于小类是母类,小类相对于大类是子类。母类和子类又分别叫做"属"和"种"。我们所说概念反映的事物范围,就是指,概念所反映的一类事物是由哪些分子或子类组成的。比如,"书"这个概念反映"书"这一类事物有无数个分子,这无数个分子就是"书"这一概念所反映的事物范围;"中国的首都"这个概念只反映一个分子——北京,"北京"这个分子就是"中国的首都"这一概念所反映的事物范围;"永动机"这个概念不反映任何分子,"零个分子"就是"永动机"这一概念所反映的事物范围。

让我们再以三则幽默为例来继续分析说明概念反映事物范围问题:

任 你 选 择

有人去一家餐馆吃饭,见墙上贴着一张纸,写着"服务热情,任你选择",便问女招待有什么菜。

"芦笋。"女招待回答说。

"有什么可选择的呢?"

"你要或是不要。"

结合"服务热情"的前言,"任你选择"这一语词所表达的概念应该是"可供你选择的菜"。这一概念所反映的事物范围则应该是两个或两个以上的分子。而女招待强辞夺理,硬将它说成只有"芦笋"一个分子。这说明她对"可供你选择的菜"这一概念所反映的事物范围是不明确的。这种对概念的不明确与墙上的漂亮话形成鲜明对照,实在使人觉得好笑!

当然,这则笑话应是计划经济时代的产物,在社会主义市场经济体制基本形成的今天,也许其存在的基础已经丧失了吧!

谈　鸡

从前,有个刚念完一年级的某大学哲学系学生暑假回家,父亲杀鸡打酒招待他。吃饭时。父亲问儿子,"你在大学学什么?"

"哲学。"

"学这有什么用?"

儿子说:"学了哲学,看问题就和别的人大不一样。比如,拿咱们桌子上的这只鸡来说,在普通人看来呀,它就是一只鸡,一只具体的鸡。但在我们学过哲学的人看来,是两只鸡。除了一只具体的鸡以外,还有一只是抽象的鸡。"

一直听他们谈话的妹妹听了,突然插嘴说:"那好,我和爸爸吃这只具体的鸡,你一个人去吃那只抽象的鸡。"

事实上,抽象的鸡是鸡的概念;概念怎么存在有几只的问题呢? 只有具体的鸡才可用只来计数。因此,"一只抽象的鸡"只能是个空概念,即不反映任何具体客观事物的概念,具体说来,它不反映任何一只客观现实中所存在的鸡。

显然,这位大学生头脑中形成的"一只抽象的鸡"这一概念所反映的事物是个"空类",其分子为零。因为在现实中,根本不可能存在一只抽象的鸡。看来,这位大学生的哲学远没学好,他没有弄懂具体和抽象、个别和一般之间的辩证关系,以至于对"一只抽象的鸡"这一概念所反映的事物范围不明确。结果,遭到了妹妹的嘲笑。

不过,有的学者认为这位大学生的话是符合柏拉图"理念论"原理的,并且是对的。其实,这则笑话有很多版本。也许以下"符合柏拉图'理念论'原理"的版本是最早的:

> 柏拉图的一个学生,在阿卡得米学习了几年后,回家去看老爸。他老爸杀了只鸡款待儿子。席间,老爸问:"孩子啊,你跟伟大的柏拉图学习哲学也有几年了,你能告诉我学哲学有什么用吗?"儿子愉快地顺手指着桌上的鸡,问:"老爸,你看这桌上有几只鸡?""一只呀,儿子。"他爸不假思索地回答。儿子笑了,颇有点得意地说:"老爸,在你看来只有一只,在我看来却有两只哩! 一只是你用眼睛看到的个体的鸡,还有一只是老师告诉我的理念的鸡。"他爸听了,一下子将盘子端到了自己面前,说:"儿啊,你的哲学真有用!? 好,现在你就吃你的理念的鸡吧,我来吃个体的鸡。"

柏拉图的理念论遭到了马克思主义哲学和一些中西当代哲学家的批评。我国哲学大家、北京大学教授张世英先生有段话较为典型。他于 2007 年 9 月在人民出版社出版的专著《境界与文化》第 6 页中说:

> "红一般"不再是超时间的、独立于人的绝对同一性和实体,而是寓于人所意识到的各式各样的特殊的红之中。时间之内的现实世界之中只有各种特殊的红,没有一个既非此种红又非彼种红的超验的绝对同一之"红一般",后者是柏拉图式的"理念"。

跟现实世界之中不存在"红一般"一样,现实中也不会有"一只抽象的鸡"。正如上面已分析并指出的:"一只抽象的鸡"只能是一个空概念。

现在,我们再回过头来对《我教老师》这则幽默继续进行分析。

"教"这个概念所反映的事物范围是指把知识或技能传授给人的所有行为、过程或方式。比如,教师问那位小孩"一加二是几",这种提问的方式就是一种传授知识方式,因此,它属于"教"这个概念所反映的事物范围。那位小孩天真地以为老师的这种提问的教学方式不属于"教"的范围。这说明她对"教"这个概念所反映的事物范围也是不明确的。

那位小孩既不明确"教"这一概念所反映的事物本质,又不明确"教"这一概念所反映的事物范围。可见,他对"教"这一概念是不明确的。而这则幽默,使人会心微笑,其逻辑基础正在于此。

本书《前言》中说过:"对笑话、幽默进行逻辑分析,也可视为一种理论性的探讨。因此,本书对于笑话、幽默的创作者、研究者来说,或许也具有一定的参考价值。"

如果笑话、幽默的创作者或研究者直接意识到,不明确概念所反映的事物本质和范围,这正是笑话、幽默引人发笑的逻辑基础之一,那么,对于类似以下幽默的创作或研究来说,就是事半功倍的事了:

提 问

妈妈:你们老师怎么样?

孩子,不怎么样,他好像什么也不懂。

妈妈:真的吗?

孩子:真的。要不,上课的时候,他干吗老提问我呢?

五

"共同语言"·"豁达的态度"

——概念与语词

先请大家欣赏一束幽默小品。

幽默一：

共 同 语 言

妈妈："这小伙很漂亮，工资高，工作又好，你偏不同意，你到底要找一个什么样的对象？"

女儿："我要找一个有共同语言的。"

妈妈："他又不是外国人，怎么会没有共同语言？"

幽默二：

"我、你、他"的用法

老师教刚入园的丽丽"我、你、他"的用法，指着自己说："我是你的老师"；指着丽丽说："你是我的学生"；指着丽丽身边的小女孩说："她是你的同学。"

丽丽放学回家，高兴地告诉爸爸："我头天上学就学会了'我、你、他'的用法。"接下来就指着自己说："我是你的老师"，指着爸爸说："你是我的学生"，指着坐在身边的妈妈说："她是你的同学。"爸爸说："不对！"他指着自己说："我是你的爸爸"；指着丽丽说："你是我的女儿"，指着她妈说："她是你的妈妈。"

第二天,丽丽告诉老师:"'我、你、他'的用法你教错了。"接下来指着自己说:"我是你的爸爸";指着老师说:"你是我的女儿";指着身边的小女孩说:"她是你的妈妈。"

幽默三:

头 和 脖 子

"在公司中我是头。"公司经理对他的朋友说。

"这我相信。但在家里呢?"他的朋友问。

"我当然也是头。"

"那你的夫人呢?"

"她是脖子。"

"那为什么呢?"

"因为头想转动的话,得听从脖子。"

幽默四:

给 与 拿

杰克有一位爱钱如命的朋友,有进无出,从不给人一点东西。

一天,他同朋友们在河边走着,突然滑进河里。朋友们都跑去救他,其中一个人跪在地上,伸出手并大声喊道:

"把你的手给我,我拉你上来。"可是吝啬鬼宁愿给水淹得两眼发白也不肯将手伸出来。

这时,杰克走过来喊道:"拿着我的手。我拉你上来。"吝啬鬼一听,马上伸出手。杰克与众人就将他拉出了水面。

"你们不了解我这位朋友,"事后杰克对众人说,"当你对他说'给'时,他无动于衷;如果你对他说'拿'时,他就来劲了。"

幽默五：

尼古拉的回答

尼古拉没认真学习课文，老师对他说："嗯。不弄懂课文不行。那好吧，我们把这篇课文抄十遍。"

第二天，尼古拉把抄好的课文交给老师。老师一看，"怎么，你只抄了五遍？"

"咦，老师，你自己说的'我们把课文抄十遍'。那么，就该我抄五遍，你抄五遍。"

幽默六：

豁 达 的 态 度

日本大银行不允许职员留长发。因为留长发会使顾客产生颓废和散漫的印象，有损银行的声誉。

有一次，一家银行的经理和人事部主任接见一批经过笔试合格的考生，发现其中有不少留长发的男子。

人事部主任留着陆军式的发型，他在致词时说："诸位，敝行对于头发的长短问题。历来持豁达的态度（长发者听到此处大感宽慰）。诸位的头发长度只要在我和经理先生的头发长度之间就可以了。"

众人立即把目光投向经理。只见经理先生面带笑容地站起来，徐徐脱帽——露出了一个秃头！

现在，让我们结合这束幽默的某些内容来讲清概念与语词之间的联系和区别。

概念与语词之间的关系，是思维形式和语言形式之间的关系的一个方面。它们二者之间是一种内容和形式的关系。概念是语词的思想内容，语词是概念的语言形式。

首先,概念与语词之间有着紧密的联系。概念必须用语词(词或词组)来表达。如:"共同语言"、"我、你、他"、"头"这些概念,都是用语词表达出来的。在自然语言中,有时候,表达概念的语词形式具有隐含性,即是说,它隐藏在字里行间,需要我们结合上下文使它显示出来。同时,也有的表达概念的语词形式在自然语言中显示得很不完整,这需要我们在进行逻辑分析时将其整理为完整的语词形式。比如,在幽默六中,"敝行对于头发长短问题所持的豁达态度"这一语词形式在文中是不完整的,"该行对职员头发长短的要求"这一语词形式是隐含在上下文中的。但是,只要我们结合语境认真分析,都可以使它们完整地显示出来。

概念必须用语词来表达,表明了概念与语词之间的对应关系,说明了概念与语词之间的紧密联系。但是,我们以下将要说明,概念和语词之间并不是一一对应的,即是说,它们之间有着明显的区别。这主要表现在:

第一,虽然概念必须用语词来表达,但并非所有语词都表达概念。比如:"很"、"的"、"到底"、"唉"等语词都不表达概念。一般说来,实词表达概念,虚词不表达概念。但虚词中的联词如"或"、"而且"、"并且"、"如果……那么"、"只有……才"等反映了事物之间的关系,它们是表达概念的。

第二,同一个语词在不同的语境中,可以表达不同的概念。

幽默一中,"共同语言"这个词组在女儿那里,表达"共同的思想感情"这一概念,而在妈妈那里,所表达的概念是:"同一个民族的语言"。

幽默二中,"我、你、他"这三个人称代词在不同情况下所表达的概念当然不同;幽默的作者故意让主人公丽丽混淆相同语词在不同情况下所表达的不同概念,让人开心一笑。

显然,幽默三中的"头",在两种不同场合中,也分别表达了如下两个概念,即:"公司的领导人"和"如像头随脖子转动一般地顺从妻子的丈夫"。

第三,同一个概念,可以用不同的语词表达。

幽默四中,"给"与"拿"这两个不同的语词所表达的显然是同一个概念。而吝啬鬼没有意识到这一点,显得特别可笑。

幽默五中,老师所说的"我们"从上下文中完全可以看出,是特指"尼古拉"。因此,"我们"和"尼古拉"这两个不同的词,在此所表达的是同一个概念。

幽默六中,"敝行对于头发长短问题所持的豁达态度"和"该行对职员头发长短的要求"这两种不用的语词形式所表达的显然是同一个概念,它们都具有完全相同的含义。在此,人事部主任采用这样不同的语词形式来表达同一个概念,很有幽默感。

关于概念和语词的区别问题,有一种特殊情况是:有时候需要弄清字与词之间的区别。在不同语境下,同样的字,有的是词,有的则只能是字,不成其为词。与此相对应,同样的字,在不同语境下,有的表达概念,有的不表达概念。请看如下幽默:

"夫人"怎么成男人了?

爸爸对小明说:"今晚有位南斯拉夫人到我家作客。你要有礼貌,不乱说话。"

当那位南斯拉夫人刚进门,小明给客人敬了个礼,接着彬彬有礼地轻声问:"尊敬的夫人,您怎么成男人啦?"

这里,"南斯拉夫人"中的"夫人"显然是两个字,而不是一个词,不表达概念;而小明问话中的"夫人"则是一个名词,表达一个十分明确的概念。由于小明混淆了二者的区别,因而提出了"您怎么成男人啦"的疑问。其童真的幽默情趣油然而生。

六

"给予胜于接受"·"理想的丈夫"

——概念的内涵和外延

父亲的格言

教师正在给学生讲述格言"给予胜于接受"。

一个小男孩叫喊道:"对呀,老师,我父亲在工作中总是按照这个格言去做。"

"啊,他是一个品德高尚的人呀!他的职业是什么?"

"他是拳击运动员,老师。"

这则外国幽默涉及概念的内涵和外延问题。

前面已经讲过,概念是反映事物的本质和范围的思维形式。这就是我们给概念所下的定义。

在弄清概念定义的基础上,就很容易理解概念的内涵和外延了。

任何一个概念都有内涵和外延两个方面。这是概念的两个基本逻辑特征。

概念的内涵就是反映在概念中的事物的本质。概念的外延就是反映在概念中的事物的范围。它们分别反映了事物的质和量。内涵就是概念的质,外延就是概念的量。每一概念都有其确定的内涵和外延。因此,概念之间是相互区别、界限分明,不容混淆的。

"给予胜于接受"中的"给予"是一个伦理学概念,它的内涵是

"将好处给予他人",而外延则是符合这一内涵标准的每一高尚行为。

那位小男孩显然并不明白"给予"这一概念的确定内涵和外延是指什么。因而将他父亲在赛场上给对方以拳击的行为也当作"给予"了。

再看外国幽默：

在画家家里

一个顾客对画家说："您的这幅风景画稍微贵了点，不过我仍然准备把它买下来。"

"您做了件了不起的事情！"画家说，"您要买的东西并不贵，您知道，我为它花了整整十年时间。"

"十年？不可能！"

真是十年，我花了两天时间把它画完，其余时间就等着把它卖掉。

在此，画家关于"我为它花了整整十年时间"的话中所包含的概念是"画家从画这张画起直到卖掉它为止所用的时间"，其外延所反映的时间总量为十年。但由于语言的歧义，顾客将这一概念理解为"画家画这张画所花的时间"了。照此理解，其外延所反映的时间总量仅为两天。

这里，在画家和顾客对这个概念外延的不同理解之中，生发出一种风趣的令人轻松愉快的幽默感。

再欣赏一则外国幽默：

理 想 的 丈 夫

一位有钱人家的老姑娘走进婚姻介绍所，摆出一副傲慢的架子，对介绍人说："我过孤独的独身生活已经厌倦了，想找

25

一个有教养而又令人愉快的丈夫。他要能说会道,又很风趣,擅长文体活动,能使我的生活增色添彩,并且还是个消息灵通人士。使我不出家门也能知天下事。但我特别强调一点,他还必须经常呆在家里,而且……当然,当我不要他说话时,他就应该立刻住口。"

"噢! 那很好办,小姐!"介绍人回答说,"你买架彩色电视机就是了!"

内涵和外延作为概念的两个逻辑特征,它们是紧密相连的。一般说来,一个概念的内涵确定了,那么,它的外延也随之确定了。这是因为,人们总是通过概念所反映的本质属性去指称具有该属性的事物范围的。就拿上面这则幽默来说,介绍人就是根据老姑娘所表达出的"一个有教养而又令人愉快的丈夫"这个概念的一系列内涵特征为她确定了"一架彩色电视机"这个外延的。

显然,根据老姑娘对她所想要找到的丈夫的本质属性的描绘,介绍人只能向她表明,这样的"丈夫"在天下的男人中找不到,它只能是一架机器,一架彩色电视机。在此,介绍人的幽默并不显得过分,她恰到好处地运用了"概念内涵和外延"的逻辑知识。

有一个问题请大家注意。就是概念的内涵和事物的本质之间以及概念的外延和事物的范围之间,都是既相联系,又相区别的。

概念的内涵反映事物的本质,概念的外延反映事物的范围,反映者(内涵、外延)和被反映者(事物本质、事物范围)之间当然是有其联系的。但事物的本质不是内涵,事物的范围不是外延。只有当事物的本质以及具有这种本质的事物范围反映到人脑中来,形成概念后,才成其为内涵和外延。事物的本质和范围属于客观存在,是第一性的,而内涵和外延是概念这种思维形式的特征,属于意识范畴,是第二性的。这二者有着明显的区别,不能混为一谈。虽然从语言、表达形式上来看,许多场合下,我们往往用相同的语言形式来表达某一概念的内涵和这一概念内涵所反映的事物本质,用相同的语言形式来表达某一概念的外延和这一概念外延所反映的事物范围。但是,在我们的思维中,一定要注意二者的区别。

七

话与笑话、闲话、真话
——概念内涵与外延间的反变关系

诀　窍

大家正议论在生活中应注意什么时——

甲：我的做法是不说笑话。

乙：我的经验是不说闲话。

丙：我的诀窍是不说真话。

这则幽默中的韵味,大家自可领会,其所讽刺的对象也非常清楚。在此,我们需要透过字里行间进行分析的是:概念内涵与外延间的反变关系。

反变关系存在于具有属种关系的概念之间。所谓属种关系就是反映属(外延较大的)和种(外延较小的)的两个或两个以上的类概念之间的关系。

对于"话"这个属概念来说,"笑话"、"闲话"、"真话"都分别是其种概念。因此,"话"与"笑话"、"话"与"闲话"、"话"与"真话"都是具有属种关系的两个概念。

属概念与种概念的内涵有多少之分,属概念与种概念的外延有大小之别。属概念的内涵少于种概念的内涵,而其外延大于种概念的外延,所谓概念的内涵和外延间的反变关系,就是指在具有属种关系的概念间,内涵越多的概念其外延越小,内涵越少的概念其外延越大。如"话"与"笑话"这两个概念,具有属种关系,其外延由大到小("话"反映的范围大,因为话不仅包含笑话,而且还包含其他所有不是笑话的话;"笑话"反映的范围小,因为"笑话"只是许多种话中的一种)而内涵则由少到多。("话"的内涵少,因为"话"只反映"表达思想感情的声音或文字"这样的本质属性。"笑话"的内涵多,因为"笑话"除具有话所反映的本质属性之外,还反映"引人发笑"这样的本质属性。)"话"与"闲话"以及"话"与"真话"的情况也与此一样,它们分别都具有反变关系。

又如:

什么话也没有说

甲:昨天你考试不及格,回家后你爸爸说你些什么话?

乙:脏话算不算?

甲:当然不算。

乙:那我爸爸什么话也没说。

我们可以从这则笑话中抽象出五个具有属种关系的概念:"话"、"爸爸说的话","爸爸对你说的话"、"爸爸对你说的脏话"、"昨天你考试不及格,回家时你爸爸对你说的脏话"。它们的外延由大到小,内涵由少到多。"话"的外延最大,古今中外,所有人说的所有话多得数不清。"昨天你考试不及格,回家时你爸爸对你说的脏话"外延最小,它反映的是一个特定的人在特定的时候说的特定内容的话,范围限制得很死。"话"的内涵最少,前面已指出过,其内涵是:"表达思想感情的声音或文字"。"爸爸说的话"的内涵要多些,加进了"爸爸这个人所说的"这一内涵。"爸爸对你说的话"的内涵更多,加进了"对你说的"这一内涵。"爸爸对你说的脏话"的内涵还要多,加进了"脏的"这一内涵。"昨天你考试不及格,回家时你爸爸对你说的脏话"的内涵最多,它除具有以上四个概念的全部内涵外,还加进了"昨天你考试不及格,回家时说的"这一内涵。

概念内涵和外延间的反变关系是一种重要的逻辑关系。以后我们将要讲到的定义、划分、限制和概括等明确概念和准确使用概念的逻辑方法都要在不同程度上依据反变关系来进行。反变关系是许多逻辑推演的基础。

八

"下次一定去"·"想你"

——单独概念、普遍概念与零概念

下次一定去

——老弟,你可真不像话!昨天我举行婚礼,你为什么没去呀?

——哎,实在抱歉!昨天我家有急事,所以……老兄,实在对不起,请多多包涵吧,下次我一定去……

在自己家里

丈夫忍受不了凶悍泼辣妻子的折磨,逃出家门,投宿旅馆。旅馆经理为他打开了一个房间,讨好地说:"住在这间房里,你会感到像在自己家里一样。"这个人一听此言,大声呼救:"天哪,快给我换个房间吧!"

以上两则笑话,第一则是中国的,第二则是外国的。它们令人捧腹,究其原因,皆因有人混淆了单独概念和普遍概念的区别。

逻辑学为了有助于明确概念的内涵和外延,从而准确地使用概念,根据概念内涵与外延的一般特征,把概念分为许多种类。

根据概念所反映事物数量的不同,概念可分为单独概念、普遍概念和零概念。单独概念是指反映某一个别事物的概念,它的外延只反映一个单独的对象。例如,"某一对青年的婚礼",应视为单独概念。普遍概念则是指反映某一类事物的概念,它的外延所反映的对象是由许多分子组成的类。而组成类的各个分子之间,其属性和范围都是不同的。例如"自己的家"就是个普遍概念,每个人都有"自己的家",而各人"自己的家"的情况都是不同的。

以上笑话中的那位"老弟"将"他朋友的婚礼"这一单独概念混淆为普遍概念,以至于说出"下次我一定去"的话来,实在令人啼笑皆非。

至于那位"旅馆经理"不懂得"自己的家"是个普遍概念,而普遍概念的外延是一类事物,作为这类事物的每一个分子都有自己特有的属性。显然,旅馆经理对"这位旅客自己的家"的特有属性也是一无所知,那么,他的讨好反而惹出麻烦,就是理所当然的了。

零概念是反映所谓空类的概念。空类是不包含任何实际事物的类。请欣赏以下幽默:

想　你

我想你,当然也不是老在想你啦!无非只是每天想你24小时,每年想你365天,每个世纪想你100年吧!其余时间我都记不清你是谁了。

显然,这里的"其余时间"是个空类。其所表达的是一个零概念。也许,这则幽默出自某位热恋中青年的情书片断吧!从中,我们可以领略到运用"零概念"以形成幽默所生发出来的艺术效果。

上题《理想的丈夫》中,那位有钱人家的老姑娘所表达出的"一个有教养而又令人愉快的丈夫"这个概念也是零概念,其外延为零。介绍人将其说成是一架彩色电视机,其意正表明:那位有钱人家的老姑娘所要求的"丈夫",其数量为零。

在前面第四题中,那位刚念完一年级的某大学哲学系学生以及那位在柏拉图学园学了几年哲学的学生头脑中所形成的"一只抽象的鸡"这一概念,当然也是一个零概念。

由此使人想起中国逻辑史上"鸡三足"的诡辩命题。该命题说:鸡有两只具体的足,加上独立存在的一只抽象的足,加起来一共是三只足。

也许,那位哲学系的一年级大学生正是模仿以上诡辩形成"一只抽象的鸡"这一零概念的吧!然而,无论是"有三只足的鸡"也好,还是"一只抽象的鸡"也好,它们同为零概念的原因都在于混淆了具体事物和一般概念的区别。

九

"吃烧饼"·"让座位"

——集合概念与非集合概念

吃 烧 饼

有个人肚子饿了,到烧饼铺买烧饼吃。吃完了一个没饱,又吃了一个还是没饱,一连吃了七个烧饼才吃饱了。吃完第七个烧饼以后。这个人就后悔啦!

"咳,早知道第七个烧饼能吃饱,我还吃前头那六个烧饼干什么呀!"

让 座 位

著名的俄罗斯钢琴家安·鲁宾施坦的音乐会就要开始了。这时,一个精力充沛的女人闯进了演员休息室。

"啊,鲁宾施坦先生,见到你我真是太幸福了。我没有票子,求您给我安排一个座位吧。"

"可是,太太,剧场可不属我管辖,这儿一共只给我一个座位……"

"把它让给我吧,您就行个好吧"

"行。我把这个座位让给您,要是您不拒绝的话。"钢琴家微微一笑说。

"我? 拒绝? 简直不可思议! 领我去吧! 座位在哪儿?"

"在钢琴旁边。"

《吃烧饼》让人捧腹大笑,是一则笑话,而《让座位》令人会心微笑,是一则幽默。从它们之中,我们可以领会出集合概念与非集合概念的区别。

根据概念所反映的对象是不是由个别事物组成的集合体,可以把概念分为集合概念和非集合概念。

集合概念就是反映个别事物组成的集合体的概念。集合体是一个统一的不可分割的整体。它的特点是,集合体所具有的属性,作为其组成部分的个体并不具有。因而,集合概念只适用于它所反映的集合体,而不适用于组成集合体的任一个体。

那个吃烧饼的人之所以可笑,就在于他不懂得"使他的肚子由饿到饱的七个烧饼"是一个集合概念。它所反映的是这七个烧饼组成的集合体(统一整体),这个集合体所具有的属性(使他吃饱肚子),作为这一集合体的组成部分的任一个体(每一个烧饼)都并不具有。很显然,七个烧饼中的任何一个(包括第七个)都不具有使他吃饱肚子的属性。因而"使他的肚子由饿到饱的七个烧饼"只适用于这七个烧饼组成的统一整体,而不适用于其中的任一个体。而那个吃烧饼的人硬以为是第七个烧饼使他吃饱肚子的,以至于后悔他冤枉花了六个烧饼的钱,实属可笑之至。

非集合概念是不以事物的集合体为反映对象的概念。实际上,非集合概念是指反映一类事物的概念,即类概念。由于类概念在反映事物类的同时,也就反映了组成类的每一个分子,因此,非集合概念的特点在于,它反映的类所具有的属性,其分子必然具有。

"座位"是一个非集合概念,即类概念,它反映一个事物类,同时,也反映了这个事物类中的每一个分子。"观众的座位"和"钢琴家的座位"都是"座位"这一事物类中的分子。它们都同样具有"座位"的属性。那个精力充沛的女人只管闹着要座位，而并没有强调要什么样的座位。既然"钢琴家的座位"也具有座位的属性，那么，鲁宾施坦就有理由"让"给她算了。

这里，钢琴家巧妙地运用了"类所具有的属性，其分子必然具有"这一非集合概念的特点，对那位太太进行了绝妙的讽刺，意味深长，富于幽默感。而那位精力充沛的女人，由于不懂得非集合概念的道理，其所表现出来的行为姿态，让人见了，只觉得好笑，而又不大笑得出声来！

有时候一个具体的语词，往往既可表达集合概念，又可表达非集合概念。这就需要联系语言环境来识别。

"文化大革命"期间，在不同派别的辩论中，经常可以听到以下如今可当作笑话的辩论词：

> 伟大领袖毛主席教导我们说："群众是真正的英雄。"我是群众中的一员，因此，我就是真正的英雄！

这里"群众是真正的英雄"中的"群众"是集合概念。因为它是指由属于群众的个体组成的一个不可分割的整体，"群众"只反映这个整体，并不反映组成整体的每一个具体的人。所以，"群众是真正的英雄"绝不是说任何一个属于群众的个体都是真正的英雄。这一辩论词显然把作为一个统一整体的集合体混为个体，混淆了集合概念与非集合概念的区别。

但是，同样是"群众"这个语词，它在如下的话里，所表达的则是一个非集合概念：

> "在我们的国家里，人民群众享受着广泛的民主和自由"。

这是因为，"群众"在此既反映了"群众"这个类，同时又反映人民群众中的任何一个成员。这句话表明了"人民群众中的任何一个成员都享受着广泛的民主和自由"的意思。

混淆集合概念与非集合概念（类概念）之间的区别，即使是某方面的专家学者，也可能出笑话。

下面一段文字摘自一部在学界较有影响的修辞学专著：

语言是千百年来形成的千百万人的习惯，我们应当尊重这个习惯。如：

昆明是一个美丽的城市，四季如春。

这是一个比喻。四季，春、夏、秋、冬也。说昆明夏、秋、冬如春，符合构成比喻的条件。说昆明的春天如春（四季中自然包括春季，这叫什么比喻？）死扣逻辑的人，会指责它不对，但千百万人都这么说，而且认为很好。

这段文字的逻辑错误，就在于它混淆了集合概念与类概念的区别。

"四季如春"中的"四季"是一个集合概念，它反映由春、夏、秋、冬组成的一个统一的整体。这里的"四季"不能单指四季中的任何一季，因此，我们不能说"春天是四季"。据此，说"四季如春"，是说作为由春夏秋冬组成的统一整体如春，并没有"春天如春"的意思，而作者硬说"四季如春"包含有"春天如春"的意思，显然是混淆了集合概念和类概念的区别，把"四季"这个集合概念混淆为类概念了。由于该书作者混淆了集合概念与非集合概念的区别，其对逻辑的误解就是理所当然的了。

从幽默逻辑的角度看来，这段文字的作者无意间创作了一则特别的幽默。

"戒烟糖"·"什么叫懒惰"

——实体概念和属性概念

幽默一:

戒　烟　糖

妈妈:"这个厂的大烟筒真讨厌。整天冒黑烟,呛得我都喘不过气来了。"

小红:"没关系,我给您拿爸爸的戒烟糖去。"

幽默二:

什么叫懒惰

老师给学生布置了一篇作文,题目是《什么叫懒惰》。

不久,老师拿起了库特的作文。第一页、第二页一个字也没有,只有在第三页上老师才找到一句话:"这就是懒惰!"

幽默一中,小红将大烟筒里冒出的"黑烟"同他爸爸吸的"香烟"这两个概念混淆起来。其中,自然包含了幽默创作者对污染制造者的旁敲侧击,同时,也充满了一种童真的情趣,从而给人以一种特有的幽默感。

幽默二中的库特,则以揭示概念外延的手法,对"懒惰"这一概念给予了饶有风趣的形象说明,虽然也歪曲了老师出题的用意,但同样充满着童真的情趣,从而给人以一种特有的幽默感。

在此我们需要透过这两则幽默弄懂的逻辑知识是:实体概念

和属性概念。

根据概念所反映的对象是各种具体事物还是各种具体事物的某种属性,概念可分为实体概念和属性概念。

实体概念是反映各种具体事物的概念。

虽然小红混淆了"黑烟"和"香烟"这两个概念,但这两个概念还是有其共性的,它们所反映的对象都是看得见、摸得着的具体事物。因而,它们都是实体概念。由于实体概念的外延总是一个或一类事物,因此,又叫具体概念。其语言表达形式主要是具体名词、代词。

属性概念是以具体事物的某种属性(性质或关系)为反映对象的概念。"懒惰"就是一个属性概念。它反映"懒人"这一具体事物所具有的相应性质。属性概念的外延反映事物的这种或那种属性,而属性是看不见、摸不着的东西。我们只看见某种具体事物,如"懒人",谁见过某种事物的属性如"懒惰"是什么样子?那位库特想用形象的方式揭示"懒惰"的外延,可是,老师所从中看到的无非是两张白纸,"懒惰"是个什么模样,谁能从纸上看出来呢?

由于属性概念总是以看不见、摸不着的抽象事物为反映对象的,因而属性概念又叫抽象概念,它的语言表达形式主要有抽象名词、形容词、动词、数词等。

十一

小王的狡辩·"给我到大人那儿去"

——正概念和负概念

非工作人员不得入内

小王上班,忘了戴上安全帽。工长朝他走过来:"为什么不戴安全帽?照章罚款一元! 快去戴上。"

"罚款? 且慢。"小王抓了抓脑袋,灵机一动,狡辩道:"工长,你看那边门上不是明明写着'非工作人员不得入内'九个大字吗?安全帽当然不是工作人员,我也是照章没带它入内的呀!"

小王的狡辩,当然无理。但是,他"无"的是哪个"理"? 也许你不一定说得上来。

这就需要掌握正概念和负概念的逻辑知识。

根据概念是反映事物具有还是不具有某种属性,概念可以分为正概念和负概念。

正概念,又叫肯定概念,是反映事物具有某种属性的概念;负概念,又叫否定概念,是反映事物不具有某种属性的概念。

在《非工作人员不得入内》这则幽默中,显然,"工作人员"是正概念,"非工作人员"是负概念。

为了明确负概念的内涵和外延,必须把握它的论域。所谓论域是指思维或议论所涉及的特定范围。某个负概念的论域,就是它所从属的属概念。某一特定属概念就是相应种概念的论域。

"非工作人员"是"工作人员"的负概念,它们的属概念是"人"。因此,"人"就是非工作人员的论域。即是说,"非工作人员"是指不是工作人员的其他人。小王的狡辩其所以无理,就在于他没有把握住"论域"这个概念。他不懂得"非工作人员"是以"人"为论域的,而"安全帽"当然不属"人"这个论域范围。所以,"安全帽"也就当然不属于"非工作人员"。小王硬将它拉入"非工作人员"之列,就显得荒唐可笑了。

再请欣赏一则充满童真情趣的幽默:

给我到大人那儿去

有户人家请客,另摆了一桌让孩子坐。主人的儿子菲罗斯,年龄比其他的孩子要大些。他央求妈妈,让他跟大人坐在一块儿。妈妈回答:"菲罗斯,你还小。别着急,等你长了胡子,就可以跟大人一块儿吃喝了。"菲罗斯只好耷拉着脑袋,坐到孩子那儿去。菜肴的香味引来了一只猫。菲罗斯恼火地对它喊:"你已经长胡子了,给我到大人那儿去!"

"长胡子的人"和"有胡子的猫"当然是论域不同的两个概念。这则幽默中,"长胡子的人"泛指"大人","没长胡子的人"泛指"孩子"。联系语境看,它们分别是同一属概念"人"下的正概念和负概念,因此,其论域是人。而"猫"属于人以外的动物,当然在"人"的论域之外。"有胡子的猫"自然不能按规矩坐到"大人"那边去! 这则幽默引人发笑的逻辑基础正在于天真而带有怒气的孩子菲罗斯不懂得"为了明确负概念的内涵和外延,必须把握其论域"的道理。

当然,这一幽默之所以给我们以美感享受,是由于它充满了童真情趣。虽然其引人发笑的逻辑基础与上一则幽默完全一致,但从幽默理论上看,其给人美感享受的类型是完全不同的。

十二

"愚蠢的决定"·"祝贺结婚日"

——概念间的同一关系

愚蠢的决定

丽丝郑重地对女友说:"你拒绝嫁给泰米尔其实是犯了一个大错误,现在他和我结婚了。"

"这并不奇怪。当我拒绝她时,他就说,由于痛苦,他会做出愚蠢的决定。"

这则幽默略带嘲讽。两位女友为其婚事问题进行了轻松的嘲讽。

这里涉及概念间关系的逻辑知识。

逻辑学所研究的概念之间的关系着重是概念外延之间的关系。

两个或两个以上的概念之间存在着其外延有无相同之处这样的关系。这就是所谓概念外延间的关系。两个概念外延之间的关系是两个以上概念外延之间关系的基础。所以,我们这里着重讲清两个概念外延间的关系。

根据概念的外延有无相同之处,概念间的关系可分为相容关系和不相容关系。

两个概念的外延或全部相同,或部分相同的关系叫相容关系。相容关系有三种:全同关系、属种关系、交叉关系。

同一属下的两个种概念的外延完全不同的关系叫不相容关系。不相容关系又有两种：矛盾关系和反对关系。

这则幽默中，"泰米尔与丽丝的结婚"和"愚蠢的决定"是两个外延完全相同的概念。因为这两个概念所反映的事物范围完全一样——是同一件事。我们把这种两个概念的外延完全相同的概念间的关系叫做全同关系（同一关系）。相应的两个概念叫全同概念。

应该注意的是，概念间全同关系的全同仅指外延全同，而内涵则是不同的。这是因为，任何事物，都可以具有不同深度、不同方面的本质属性，因而，人们可以从不同的角度去抽象出事物的某种本质属性作为内涵，从而形成反映同一事物范围的内涵不同的两个或两个以上的全同概念。

以上幽默中的两个全同概念，其内涵显然不同：一褒一贬，妙趣横生。

祝 贺 结 婚 日

某教授从研究室回到家中，见桌上装饰着很大的花束，他问夫人：

"今天是祝贺什么的？"

"你忘了？今天是你的结婚纪念日啊！"他听了微微一笑："原来如此，谢谢你！到了你的结婚日，我也买一个大花束来祝贺你。"

"丈夫的结婚日"和"妻子的结婚日"当然是同一个日子，它们外延相同，是两个全同概念。教授故意否定其全同的特性，给夫妻生活增添一份特有的情趣。这是幽默加逻辑能创造美好幸福日常生活的一个生动实例！

以下笑话《献花》给读者带来的是另一类型的美学享受：

　　一个养花人,发现几个十来岁的孩子中,有人摘了他花盆里的一朵红杜鹃。他很气愤地抓住一个衣服穿得旧的孩子,"啪啪"揍了两巴掌。这时,另一个孩子挺身而出,手里还拿着一朵红杜鹃,说:"与他无关,花是我摘的。"养花人骂了声:"兔崽子!"扬起胳膊又要打。那个挨打的孩子轻声说:"他爸爸是县委书记。"养花人一听,本来瞪得铜铃似的眼睛,立即眯成一条线,顺手抱起那摘花的孩子说:"好孩子,刚才我跟你开玩笑,我马上把这些花都送到你家去。"

　　这则笑话中,"那个摘花的孩子"和"爸爸是县委书记的那个孩子"这两个概念的外延全同,但内涵是不同的。"那个摘花的孩子"这一概念反映了"当时摘了一朵花"这方面的本质属性,从而把它所反映的对象和当时并未摘花的其余十来个孩子,特别是那个挨打的孩子区别开来。"爸爸是县委书记的那个孩子"这个概念反映了"爸爸是县委书记"这一方面的本质属性,从而把它所反映的对象同在场的其他孩子区别开来。

　　当养花人一边骂着"兔崽子",一边扬起胳膊,正准备打"那个摘花的孩子"时,在他头脑中显然还没有形成"爸爸是县委书记的那个孩子"这一与"那个摘花的孩子"外延全同、内涵不同的概念。是那个"挨打的孩子"的话帮助他形成了这一概念。当这一概念一旦在他头脑中形成之际,他的态度和行动立即转弯一百八十度。

　　这一百八十度的转弯,可说是恰到好处地给我们展示了全同概念外延全同而内涵不同的道理。养花人的可笑之处,当然并不在于他的思想、行动不符合这个逻辑道理,恰好相反,他的思想和行动不自觉地与此道理保持了一致。

　　在此,养花人思想行动中所包含的那种等级观念的流毒以符合逻辑的方式表现出来,这种合逻辑与不合社会主义道德观念之间的矛盾正是这则笑话使人捧腹大笑的逻辑基础。

在我们捧腹大笑之余,所得到的是与前面两则幽默完全不同的另一种美学享受。这里的"完全不同"正体现了笑话与幽默之间的美感区别,即:笑话令人捧腹大笑,幽默使人会心微笑。

"东施效颦"·"元泽辨兽"

——概念间的属种关系、矛盾关系和反对关系

东 施 效 颦

春秋时代,越国有个美女,名叫西施。她的美貌,真可说是天下闻名。有一次,西施患胸疼病,手捂着胸口,紧皱双眉从街上走过,被一个叫东施的丑媳妇看见了,她觉得西施这模样比平时更美。于是,她也就学着西施的样儿,用手捂着胸口,紧皱着双眉,装出一副犯愁的样子,一样地从街上走过。可是,街上的人见了她这副丑态,觉得比平时还丑。有的人见了她,急忙关上大门,有的人见了她,赶紧领着妻子和孩子躲得老远老远的。

这个成语笑话故事讽刺了那些不切实际、胡乱模仿,导致不良效果的人和事。

这里,我们从"概念间的属种关系"以及"矛盾关系"和"反对关系"这一角度来对它进行分析。

所谓概念间的属种关系,就是一个概念的外延完全包含在另一个概念的外延之中,并且仅仅成为另一个概念外延的一部分的两个概念之间的关系。

"西施的皱眉头"这个概念的外延完全包含在另一个概念"皱眉头"的外延之中,并且仅仅成为"皱眉头"的外延的一部分。即是

说:"西施的皱眉头"是一种"皱眉头",但并非所有的"皱眉头"都是"西施的皱眉头"。因此,我们说,"西施的皱眉头"与"皱眉头"这两个概念之间具有属种关系。同样,"东施的皱眉头"与"皱眉头"这两个概念之间,也具有属种关系。

在具有属种关系的两个概念中,外延大的,包含另一概念的概念叫属概念;外延小的,包含于另一概念之中的概念叫种概念。

"皱眉头"是属概念,而"西施的皱眉头"和"东施的皱眉头"分别都是种概念。

属种关系又可分为包含关系和包含于关系。属概念的外延包含种概念的外延,属概念对于种概念的关系,就叫做包含关系。如"皱眉头"对于"西施的皱眉头"来说,就具有包含关系,"皱眉头"包含"西施的皱眉头"。同样,"皱眉头"对于"东施的皱眉头"来说,也具有包含关系,"皱眉头"包含"东施的皱眉头"。

种概念的外延包含于属概念的外延之中,种概念对于属概念的关系,就称为包含于关系。如,"西施的皱眉头"对于"皱眉头"来说,就具有包含于关系,"西施的皱眉头"包含于"皱眉头"之中。同样,"东施的皱眉头"对于"皱眉头"来说也具有包含于关系,"东施的皱眉头"包含于"皱眉头"之中。

包含关系与包含于关系是一种相反的关系。我们设"皱眉头"为S,设"西施的皱眉头"为P,就可以得出:如果S包含P,那么,反过来P就包含于S。即是说,如果S对于P来说,具有包含关系,那么,反过来P对于S来说,就具有包含于关系。很明显,"皱眉头"与"西施的皱眉头"之间有包含关系,而反过来,"西施的皱眉头"与"皱眉头"之间就具有包含于关系。

现在,我们来谈概念间的反对关系与矛盾关系。

前面已经说过,概念间的不相容关系是指同一属概念下的两个种概念的外延完全不同的关系。不相容关系有两种:反对关系和矛盾关系。

反对关系的特点是,两个外延不同的种概念,它们外延之和小于它们的属概念的外延。"西施的皱眉头"和"东施的皱眉头"这两个概念是同一属概念"皱眉头"下的两个外延不同的种概念;而且,它们的外延之和小于它们的属概念的外延,因为除它们之外,"皱眉头"这一属概念下,还有"其他人的皱眉头"这一种概念。

矛盾关系的特点是,两个外延不同的种概念,它们外延之和等于它们属概念的外延。

请看笑话:

元 泽 辨 兽

宋朝的王安石,有个儿子叫王元泽,小时候就挺机智、聪明。在他几岁的时候,有一天,有人用一只大笼子,装了一头獐和一头鹿送给王安石。送东西的人见王元泽在场,就想考考他,便问:"你看,这笼子里,哪头是獐?哪头是鹿?"

王元泽不认识獐和鹿,但他却眨巴眨巴机灵的小眼睛。回答说:"鹿旁边的就是獐,獐旁边的就是鹿。"

首先必须指出,王元泽这一回答从总的说来是违反同一律的(关于同一律,我们将在四十八——五十题中讲到)。王元泽既然不认得獐和鹿,当然无法回答"哪头是獐,哪头是鹿"这一问题,他所强行回答的不是这一问题,而是"什么的旁边是什么"这个游移不定的问题。可见,他所答非所问。这是一种"转移论题"的逻辑错误。

虽然从总的说来,王元泽的这一回答包含了"转移论题"的逻辑错误,但是从局部看来,他的回答中又包含有合逻辑的因素;正是这一合逻辑的因素表现出一个仅有几岁的孩子的机智、聪明;而又正是这种天真的机智、聪明,逗人发笑。

这个合逻辑的因素就是:从王元泽的"鹿旁边的就是獐,獐旁边的就是鹿"这一有趣的回答中,可以看出他已经朴素地意识到了概念间的矛盾关系。

这里,除了獐和鹿之外,笼子里再没有别的动物了。因此,可以说:"那头獐"和"那头鹿"这两个概念是同一属概念"装在那个笼子里的动物"之下的两个种概念。而且,这两个种概念的外延之和等于它们的属概念的外延。因此,这两个种概念之间的关系是矛盾关系。仅有几岁的王元泽对问题的回答虽然所答非所问,但是,在他的所答中,确实表明了他对概念间矛盾关系的朴素理解。

现在,我们再回过头来继续对"东施效颦"的成语笑话故事进行分析,以弄清"东施效颦"之所以可笑的逻辑基础。

那位效颦的东施,之所以可笑,从逻辑上讲,是由于她没有弄清"东施的皱眉头"、"西施的皱眉头"以及"皱眉头"这三个概念之间的关系。

首先,"东施的皱眉头"和"皱眉头"之间具有包含于关系,即是说,虽然"东施的皱眉头"这一概念的外延完全包含在"皱眉头"这一概念的外延之中,但是,前者的外延只是后者外延的一部分。因此,它们二者的外延绝非全同。

那么,我们就绝不能认为"东施的皱眉头"跟"皱眉头"是一回事。可是,从东施的思想行动可以看出。她没有意识到这两个概念的区别,而将二者混为一谈了。

再则,"东施的皱眉头"和"西施的皱眉头"之间是不相容关系,它们的外延完全不同。故二者不能同日而语。可是,从东施的思想行动看来,她在此又误将这两个相互反对的概念视为全同概念了。

十四

"误会"·"他读什么书呢"

——概念间的交叉关系

请看一则外国幽默：

误 会

有位绅士住在一家乡村旅社里。清晨，当他步入餐厅吃饭时，一个客人从餐桌边站起身来。

"坐下，坐下。"这位大人物风度翩翩地对他说。

"怎么啦？"那人反问道，"难道我去邻桌取点盐你也不准吗？"

概念间的交叉关系，就是两个概念的外延有而且只有一部分相同的关系。就以上幽默所述内容来分析，"从餐桌边站起身来的人"这一概念和"对绅士表示敬重的人"这一概念之间就具有交叉关系。这种关系可以表述为：有的"从餐桌边站起身来的人"是"对绅士表示敬重的人"，有的"从餐桌边站起身来的人"不是"对绅士表示敬重的人"，有的"对绅士表示敬重的人"是"从餐桌边站起身来的人"，有的"对绅士表示敬重的人"不是"从餐桌边站起身来的人"。总之一句话，在"从餐桌边站起身来的人"和"对绅士表示敬重的人"这两个概念间，其外延有，而且仅有一部分相同。

那位绅士的可笑之处在于，它没有认识到这两个概念间的关系是交叉关系！误认为它们之间是全同关系了。他摆出一副大人物的风度翩翩的样子,以为凡是敬重他的人,都要从餐桌边站起身来,而凡是从餐桌边站起身来的人都一定是敬重他的人。正是这种荒唐可笑的逻辑使得他在一个为了到邻桌取点盐而从餐桌边站起身来的人面前自讨没趣,出了洋相。

再看一则幽默:

他读什么书呢

凌晨三点,艾米尔和妻子正酣睡着。

突然,艾米尔的妻子爬起来急促地说:

"艾米尔,有个盗贼进入书房了。"

"嗯……"艾米尔半醒半睡地说:"他读什么书呢?"

这则幽默中的艾米尔和上则幽默中的那位绅士,从逻辑上讲,所犯错误的性质都是一样的。他们都是误将概念间的交叉关系当作全同关系了。

"进入书房的人"和"打算要读书的人"之间的关系是交叉关系。半醒半睡的艾米尔故意把进入书房的贼也当作"打算要读书的人",从而将它们所表达的概念当作全同概念了。

后面,我们在讲逻辑基本规律时,将进一步表明:有时候,故意违反逻辑,正是笑话与幽默的一种艺术表现手法,也是笑话幽默之所以引人发笑的逻辑基础之一。

十五

"绅士是什么东西"·"主任是谁"

——定义

绅士是什么东西

十八世纪美国著名科学家富兰克林的仆人是个黑人,他多次问富兰克林:"主人,绅士是什么东西?"

富兰克林有一次回答说:"这是一种生物,是一个能吃、能喝、会睡觉,可是什么也不做的有生命的东西。"

过了一会,仆人跑到富兰克林身边说:"主人,我现在知道绅士是什么东西了。人们在工作,马在干活,犍牛也在劳动,唯有猪只知道吃、睡而什么都不干。毫无疑问,这猪便是绅士了。"

在这则幽默中,富兰克林运用揭示事物本质属性的方法来回答仆人的提问,对绅士进行了讽刺和嘲笑。揭示事物的本质属性,也就明确了反映该事物的概念的内涵。而所谓定义,就是明确概念内涵的逻辑方法。

在此,富兰克林给"绅士"这一概念所下的定义是:"这是一种生物,是一个能吃、能喝、会睡觉,可是什么也不做的有生命的东西。"这一定义揭示了"绅士"的本质属性,从而明确了绅士这一概念的内涵。

定义有三个组成部分:① 被定义的概念——就是其内涵被明

确的概念，一般由词或词组表达。如，这则幽默中的"绅士"。
② 下定义的概念——就是用来明确被定义概念内涵的概念，通常用词组表达，也可用词组＋语句表达。如，这则幽默中的"一种生物，是一个能吃、能喝、会睡觉，可是什么也不做的有生命的东西"。
③ 联结词——就是表明被定义概念和下定义概念之间的关系的词，通常用"是"、"就是"等语词表达。其语言形式多样，并且可以省略。如，这则幽默中的"这是"是联结词。

如果用 Ds 表示被定义概念，用 Dp 表示下定义概念，那么，定义的一般表达形式即公式为：Ds 就是 Dp。在实际思维活动中，最常见的定义形式是所谓属加种差定义。属加种差定义的公式可表达如下：

被定义概念＝种差＋属概念

给一个概念下这种定义的方法是：首先找到被定义概念的属概念，然后找到被定义概念所反映的事物与同一属概念之下的其他种概念所反映的事物之间的属性差别，即种差，最后，综合起来，形成定义。

请看如下幽默：

主 任 是 谁

甲：在开会的人群里，咱们的主任有好几个咧，你能认出他们吗？

乙：我认得出来。因为他们都有句口头禅——"研究研究"。

这则幽默中的乙，之所以能从开会的人群中分辨出谁是"咱们的主任"，就因为他通过下定义的方法，揭示出了"咱们的主任"区别于开会人群中其他人的本质属性，从而明确了"咱们的主任"的内涵。

可以分析出,他给"咱们的主任"所下的定义是:"咱们的主任"是口头禅为"研究研究"的正在开会的人。

这里,"咱们的主任"是被定义概念,"正在开会的人"是属概念,"口头禅为'研究研究'的"是种差。

为了保证定义的科学性和正确性,我们在给概念下定义时,必须遵守如下规则:

① 定义要相应相称。这条规则要求下定义概念的外延与被定义概念的外延完全相同。即是说,下定义概念与被定义概念之间应该具有全同关系。

如果下定义概念的外延大于被定义概念的外延,就会犯"定义过宽"的错误;反之,如果下定义概念的外延小于被定义概念的外延,就会犯定义过窄的错误。

② 下定义概念不得直接或间接地包含被定义概念。下定义概念是用来明确被定义概念的。如果下定义概念直接或间接地包含了被定义概念,就达不到明确被定义概念的目的。

在下定义概念中直接包含了被定义概念的错误叫做"同语反复",在下定义概念中间接包含了被定义概念的错误称为"循环定义"。

③ 一般说来,定义应该用肯定的形式和明确的概念。在多数逻辑教科书中,往往把"以比喻代定义"一概当作违反定义规则③的一种错误。近年来,已经有人指出在自然语言的表达中,不能一概反对所谓"以比喻代定义"。事实上,在日常表达中,某些场合下是可以用比喻的修辞手法来给一个概念下定义,从而达到明确概念内涵的目的的。这就是说,如果在某种特定的语言环境下,运用比喻的修辞手法,能够达到明确某一概念内涵的目的。那么,就应

该允许"以比喻代定义"。

二十世纪八十年代以来,我国逻辑学界通常将这种运用比喻的修辞手法所下的定义称为比喻定义。比如,富兰克林给"绅士"这一概念所下的定义,就是一个比喻定义。在这一比喻定义中,通过把"绅士"这类人比喻为某种有生命的东西(非人)来揭示"绅士"这一概念的内涵,从而揭示了绅士的本质属性。兰富克林的仆人正是根据这一本质属性把猪也当成了绅士。这无非是让人明白,绅士是"像猪一样的人"。这样一来,富兰克林那关于"绅士"的定义,难道不是使我们在盎然的幽默讽刺情调中对"绅士"的本质属性理解得更深刻了吗?

俄国作家契科夫的如下幽默散文,通篇就是一个对"懒惰"这一概念所下的比喻定义:

我 的 "她"

我的父母和长官非常肯定地说,她比我出生早。我不知道他们说的是否正确,只知道我的一生中没有哪一天我不属于她,不受她的驾驭。她日夜都不离开我,我也没有打算立刻躲开她,因此,我们之间的关系是紧密的、牢固的……但是,年轻的女读者,请不要忌妒……这种令人感动的关系给我带来的只是不幸。首先,我的"她"日夜不离开我,不让我干活。她妨碍我读书、写字、散步、尽情地欣赏大自然的美……我写这几行时,她就不断地推我的胳膊,像古代的克利奥佩特对待安东尼一样总在诱惑我上床。其次,她像法国的妓女一样毁坏了我。我为她、为她对我的依恋而牺牲了一切:前程、荣誉、舒适……多亏她的关心,我穿的是破旧衣服,住的是旅馆的便宜房间,吃的是粗茶淡饭,用的是掺过水的墨水。她吞没了所有的一切，真是贪得无厌！我恨她、鄙视她……我早就该同她离婚了，但是直到现在还没有离掉，这并不是因为莫斯科的律师要收四千卢布的离婚手续费……我们暂时还没有孩子。……您想知道她的名字吗？请您听着……这个名字富有诗意，与莉利亚、廖利亚和奈利亚相似……她叫懒惰。

当然，在一般情况下，即是说，不是在某种特定的语言环境下，"以比喻代定义"仍是一种逻辑错误。也就是说，只有在某种特定的语言环境下，运用比喻定义才是合适的。这是因为，在一般情况下，运用比喻的修辞手法不能正面揭示事物的本质属性，从而，就不能准确地揭示一个概念的内涵。比如说，"儿童是祖国的花朵"，这句话如果作为定义，就犯了"以比喻代定义"的逻辑错误。

以下，让我们通过一些笑话和幽默的实例来分析违反定义规则的逻辑错误。

实例一：

一 片 肥 皂

一个游客对女向导说："你带我游览维也纳的风景，对我帮助不少。我想送点礼物给你。你喜欢什么？"

女向导非常贪婪，但又不便明言，所以只吞吞吐吐地说："我喜欢打扮。嗯……给我一些耳朵、手指或者脖子上用得上的东西吧！"

第二天，游客送来了礼物——宝石戒指？金手镯？金项链？不，都不是，是切下的一片肥皂。

本来，贪婪的女向导想要的东西是宝石戒指、金手镯，金项链之类的珍贵首饰。但我们可以看出，她对"珍贵首饰"所下的定义未能准确地揭示其本质属性。当然，其所以如此，是由她既贪婪，又不便明言的特定心理所决定的。游客看出了她这种心理,故意送给她一片肥皂,以此对她进行一番别具风味的幽默讽刺。

现在,我们通过分析,将女向导给"珍贵首饰"所下的定义整理表达如下:

> 所谓珍贵首饰就是一些耳朵、手指或者脖子上用得上的东西。

这里,下定义概念"一些耳朵、手指或者脖子上用得上的东西"的外延大于被定义概念"珍贵首饰"的外延。违反了规则①,犯了"定义过宽"的错误。

显然,除了"珍贵首饰"以外,还有肥皂片之类的东西也属于"一些耳朵、手指或者脖子上用得上的东西"的范围。

同时,这一定义也违反了规则③,犯了下定义概念不明确的错误。因为"一些耳朵、手指或者脖子上用得上的东西"究竟表达什么确切的概念,谁也无法说清。

实例二:

新　闻

有人向一位美国记者请教:"什么才算是新闻呢?"

"这个,"他说道,"新闻嘛,就是关于离奇的、非同一般的、出乎意料的事件的报道。比如,当一条狗咬伤人,这就不算是新闻;但当一个人咬伤一条狗,瞧,这就算新闻了。"

透过字里行间,我们可以看出,这位美国记者给"新闻"下了这么一个定义:

> 新闻是关于离奇的、非同一般的、出乎意料的事情的报道。

这里,下定义概念"关于离奇的、非同一般的,出乎意料的事情的报道"的外延小于被定义概念"新闻"的外延。违反了规则①,犯了"定义过窄"的错误。

显然,"离奇的、非同一般的、出乎意料的事情"并没包括完新闻所报道的范围。

同时,这一定义也违反了规则③,犯了下定义概念不明确的错误。因为"非同一般、出乎意料"这些语词无法表达确切的概念。

实例三:

矛盾的论断

儿子:爸爸,什么叫做"矛盾的论断"呢?

爸爸:矛盾的论断就是不合逻辑的论断嘛!

儿子:那么,什么叫做"不合逻辑的论断"呢?

爸爸:唉,这还用得着再问嘛,不合逻辑的论断也就是矛盾的论断啊!

儿子:那……那到底什么是逻辑呀!

爸爸:嘿,我的小儿子,看来你真要打破砂锅问到底哟!告诉你,逻辑呀,就是一门学问,这门学问嘛,就是专门讲逻辑的。

看来,这位爸爸很缺乏逻辑知识。但是偏偏碰巧遇上儿子向他提出一个有关逻辑知识的问题。为了无损父亲的"长者"形象,他不愿在儿子面前承认自己的无知,就只好胡扯一通了。从逻辑上讲,他的这些令人捧腹大笑的胡扯违反了下定义规则②,既犯了"同语反复"的错误,又犯了"循环定义"的错误。现具体分析如下:

"循环定义"就是在下定义概念中间接包含了被定义概念的错误。这位爸爸给"矛盾的论断"所下的定义是:"矛盾的论断是不合逻辑的论断",给"不合逻辑的论断"所下的定义是:"不合逻辑的论断就是矛盾的论断"。如果把这两个定义完全分开来看,在每一个定义中并不存在"下定义概念中包含被定义概念"的问题,所以我们并没有说这里的下定义概念直接包含了被定义概念,从而也并没有说此处犯有"同语反复"的错误。

但是,这两个定义是相互联系的定义。其中,第二个定义的下定义概念"矛盾的论断"就用到了第一个定义中的被定义概念。所以,从两个定义相互联系的角度上来看,就可以明显地看出这位父亲在下定义时,其第二个定义的下定义概念"矛盾的论断"中包含了第一个定义中的被定义概念"矛盾的论断"。这就叫做在下定义概念中间接地包含了被定义概念。这样下两个定义,给人以绕圈子的感觉,结果导致:"矛盾的论断就是矛盾的论断"。

通过以上分析,我们清楚地看出,这位爸爸在回答儿子提出的前两个问题时犯了"循环定义"的错误。

最后,当儿子问道"什么是逻辑"时,他简直无法招架了,可是,其为父的"自尊心"驱使他终于给逻辑下出一个"在下定义概念中直接包含被定义概念"的定义:"逻辑是专门讲逻辑的学问",这就犯了"同语反复"的错误。其下定义概念"专门讲逻辑的学问"中直接包含了被定义概念"逻辑"。

依据他这个关于逻辑的定义,小儿子理所当然地不可能对"逻辑"这个概念得到一点哪怕是最初步的了解。也就是说,他对"什么是逻辑"这个问题的所谓回答,事实上是什么也没有回答。

以上所讲属加种差定义是实质性定义,其所明确的是概念的内涵。另外,有一种定义,对某一语词的含义给予规定或说明,叫语词定义。有时候,运用语词定义于幽默、讽刺,别有一番情趣。请欣赏以下语词定义:

职 位 新 解

总是在裁人,故称总裁;老是板着脸,所以叫老板;总想监视人,所以称总监;经常没道理,就叫经理。

三 清 三 不 清

开啥会不清楚,开会坐哪清楚;谁送礼不清楚,谁没送清楚;谁干得好不好不清楚,该提拔谁清楚。

必须指出,幽默逻辑中所用的语词定义与一般逻辑书上所讲的语词定义略有不同。一般逻辑书上所讲语词定义严格区分为说明性语词定义和规定性语词定义。前者是对某个语词已确立的含义作出说明,如:乌托邦是希腊语,"乌"按希腊文的意思是"没有","托邦"是地方。乌托邦是指没有的地方,是一种空想、虚构和童话;后者是给某个语词表示的意义作出规定,如:"双百方针"表示中国共产党提出的百花齐放、百家争鸣的方针。

幽默逻辑则很难将说明性和规定性完全分开,即便是说明,也并非是对某个语词已确立的含义作出说明,而是根据自己的某种需要作出说明,以引人发笑或达到讽喻的目的。

根据某种需要,既说明又规定某一语词的在特定环境、场合、范围的幽默性含义正是幽默逻辑中语词定义的一个特点;幽默逻辑中语词定义的另一个特点是:这种语词定义往往故意歪曲该语词的本来含义,从而引人发笑,达到特定的讽喻目的。这种语词定义有时是一次性的,即只有在某种特定的一次性场合有效,而有时又有一定的持续性,即在某些其他类似场合也有效。对此,大家从以上两实例可清楚看出。

有时候,一整部著作都由讽刺幽默性的语词定义组成。例如十八世纪法国唯物主义哲学家、战斗的无神论者霍尔巴赫的名著

《简明基督教辞典》就是用一系列有关神学的语词定义组成。该书采用辞典体裁,以辛辣而幽默的讽刺笔调,对基督教思想的荒谬和僧侣的罪恶作了批判和揭露。

这里,让我们欣赏他对"爱"所下的幽默讽刺性语词定义:

爱 从它蒙上不洁时起,就成了一种在天性支配下一性对另一性的万恶欲念。基督教的上帝是严以律己的,他不容许在爱的问题上开玩笑。如果不发生原罪,人们也许会没有爱而生殖,妇女也许会用耳朵生产。

在日常生活中,运用下幽默性语词定义的方法有时会使人们之间的交流充满情趣。请看:

甲:(问一位新来的女邻居)老师,你贵姓?

乙:我姓高;我老公还有儿子都姓董。

丙:女的比男的高,老公和儿子都懂事,真是全家福啊!

(丙的话引来一片快乐的笑声。)

显然,这里,丙对姓高的高和姓董的董这两个语词作了别具一格的独有说明和规定,正是这种随意的幽默性语词定义使他们之间的交流充满情趣。

十六

"花样繁多"·"谁最懒"

——划分

花 样 繁 多

顾客：你们饭馆的米饭真不错，花样繁多。

服务员：不就一种吗？

顾客：不，有生的、熟的，还有半生不熟的。

这则笑话中的顾客，运用关于"划分"的逻辑知识，对饭店的服务质量进行了讽刺。

所谓划分，就是明确概念外延的逻辑方法。划分是通过把一个属概念按照一定的标准分为它所包含的并列的一些种概念，以此来明确属概念外延的。

这则笑话中的顾客，以米饭是否生熟为标准，把"你们饭店的米饭"这一属概念分为"生的"、"熟的"和"半生不熟的"三个并列的种概念，这就是一个划分。

划分由三个部分组成，① 母项——被划分的属概念。如上例中"你们饭店的米饭"。② 子项——划分出来的各个并列的种概念。如上例中"生的"、"熟的"、"半生不熟的"。③ 划分的标准——将一个母项划分为若干子项的根据。如上例是以米饭是否生熟为标准的。

再如，以下笑话也是一个包含"划分"的实例：

课 前 准 备

老师："同学们，今天校长要来听课，希望每个同学都积极举手发言。"

学生："老师，要是回答不出，让你点了名，岂不难为情？"

老师："这有办法，不会回答的同学举左手！"

这位老师按能否回答问题为标准，把"全班同学"这个母项分为"会回答问题的"和"不会回答问题的"两个子项。像这种以对象有无某种属性作为划分根据，将一个概念划分为一个正概念和一个负概念的划分，叫做二分法。二分法是一种特殊的划分。它将一个母项只分为两个子项，而且一般情况下，这两个子项中，一个是正概念，另一个是负概念。二分法的好处在于它不仅可以使人们将注意力集中在被划分出来的正概念身上，而且，这种划分总是不会违反划分规则的。为了使划分正确，当然应该遵守一些规则。划分的一条主要规则是：划分必须相称。就是说，划分出来的子项外延之和必须等于母项的外延，不能多，也不能少。多了，就会犯"多出子项"的错误，少了，就会犯"划分不全"的错误。而二分法的特点在于其二子项分别是一属概念下具有矛盾关系的两个种概念。这一点本身就决定了它总是合乎这一划分规则的。但假若不是二分法，而是一般的划分，如果不注意，就有可能违反这一划分规则。

请看下面一则幽默：

谁 最 懒

爸爸故意问儿子："汤姆，你们班上谁最懒？"

汤姆："不知道，爸爸。"

爸爸："我想你一定是知道的。你想想，当所有的同学都在用功做作业时,谁闲坐着东张西望而不做作业?"

汤姆:"老师。"

这位爸爸故意问儿子的用意是想启发儿子将"他们班上的同学"这一概念按勤或懒为标准分为一些种概念,从而找出"他"这个"最懒"的子项。可是,儿子根本不明白爸爸的用意。他所找出的这一子项却是"老师"。

这里,汤姆对"他们班上的同学"这一属概念的划分违反了"划分必须相称"的规则,犯了"多出子项"的错误。很明显,"老师"根本就不是"他们班上的同学"这一属概念下的一个种概念。

另外,为了保证划分的正确性,划分还必须遵守两条规则,即:
① 划分的子项必须互不相容。否则,就会犯"子项相容"的错误。
② 每次划分的根据必须同一。否则,就会犯"混淆根据"的错误。

我们以如下幽默为实例对违反这两条划分规则的错误进行分析。

反 对 与 主 张

甲:"你对父母包办婚姻有何看法?"

乙:"我嘛,反对父母包办婚姻,主张父母包办婚事。"

从划分的角度分析,这则幽默中的"乙",既犯了"混淆根据"的错误,又犯了"子项相容"的错误。

"甲"的提问,要求乙首先将"你对婚姻的看法"这一概念以是否由父母决定你必须同谁结婚为根据分为"反对"与"主张"两个子项。然后,以其中一个子项作为答案。

"乙"的回答却背离了"甲"的要求,他在对"你(乙)对婚姻的看法"这一概念进行划分时同时以两个标准作为根据。这两个标准是:"是否由父母决定儿女给谁结婚"和"是否由父母给儿女支出结婚所需的一切经济费用"。这样,"乙"在同一次划分中,同时用了两个标准作为划分的根据,就犯了"混淆根据"的错误。

由于混淆了根据,他所划分出来的子项就不是两个,而是四个,即:(对父母包办婚姻)主张、(对父母包办婚姻)反对,(对父母包办婚事)主张,(对父母包办婚事)反对。将这四个子项简化后表示出来,就是:主张,反对,主张,反对。

这样,很明显地可以看出,"乙"的划分同时又犯了"子项相容"的错误。

根据如上分析,我们可以得出如下的结论:在划分中,"子项相容"的错误与"混淆根据"的错误是紧密相联的。事实上,只要一个划分混淆了根据,必然导致"子项相容"。这是因为,所谓"混淆根据",就是在把一个属概念为它所包含的种概念时,同时以不同属性为标准。而这样分出的种概念的外延间的关系,必然不是外延彼此不同的关系,而只能是交叉、从属或全同关系。就拿这则幽默来说,"乙"由于混淆了根据,其所划分出来的四个子项的外延,就是两两相同的,这四个子项就是两两内涵不同而外延全同的概念。这就理所当然地"子项相容"了。所谓"子项相容",就是子项外延间为相容关系,而其内涵不同。

十七

"生日"·"医生与皇帝"
——概念的限制与概括

请欣赏两则幽默：

生 日

孙子问爷爷："爷爷,今天为什么吃红饭?"

爷爷说："今天是爷爷的生日。"

"'生日'是什么意思?"

"生日嘛,就是说爷爷出生在今天。"

孙子听了,瞪大眼睛说:"嗬,今天生的怎么就长这么大了呀!"

谁 的 孩 子

小学生回家后兴冲冲地告诉爸爸："老师说,一个孩子吃河马的奶,一个月内体重增加了二十磅。"爸爸厉声说:"胡说八道! 哪有这回事? 是谁的孩子?""就是河马的孩子呀!"小学生睁大眼睛,认真地回答。

在《生日》中,爷爷说："生日嘛,就是爷爷出生在今天。"这一说法当然不确切。爷爷显然是故意采用这一不确切的说法去逗乐小孙子的。小孙子由于不明爷爷的用意,以至于天真并且认真地瞪大眼睛说:"嗬,今天生的怎么就长这么大了呀!"

小孙子的这句问话给人一种令人愉快的幽默感。

为了使爷爷的说法变得确切,就必须在"今天"前面加上限制词,以说明爷爷具体出生在哪一年的今天。当然,这样一来,爷爷的回答就不可能逗乐小孙子,从而也就引不出小孙子那句给人幽默感的艺术享受的问话了。

不过,为了讲清这则幽默引人发笑的逻辑基础,我们还是要从如何使爷爷的说法变得确切开始进行讲述。

在"今天"前面加上限制词,以说明爷爷具体出生在哪一年的今天,这就是在运用一种逻辑方法——限制。

所谓限制,就是从一个属概念推演到它所包含的某一种概念的逻辑方法。为了使属概念过渡到某一种概念,就要增加属概念的内涵以缩小它的外延。

"今天"是属概念,"某一年的今天"是"今天"这一属概念下所包含的一个种概念。从"今天"过渡到"某一年的今天"的过程,也就是对"今天"这个概念进行限制的过程。这个限制是通过对属概念"今天"增加了"某一年"的内涵,从而相应地就减少了"除诞生那一年的今天之外的其余所有'今天'"的外延来实现的。

通过这样的限制,爷爷出生的具体日子也就明确了。

在只有运用限制的逻辑方法,才能使某一概念得到明确时,故意不用这种方法,以致使一个概念不确切,从而达到幽默的艺术效果,这是笑话与幽默的一种表现手法。

限制具有明显的认识作用。它有助于人们对事物的认识从一般过渡到特殊,从而使认识具体化。

假若越出以上幽默的范围,别人问你出生的日子,你当然就不能采用那位爷爷的回答方式了。比如你出生在 1970 年 1 月 1 日。人家问你的出生日子,你只说"1 日",这样行吗? 有多少个"1 日"

啊,谁知你出生在何年何月的 1 日呢?为了使别人对你出生时间的认识具体化,你就必须进行两次限制,即先将"1 日"限制为"1 月 1 日",再将"1 月 1 日"限制为"1970 年 1 月 1 日",这样一来,你的出生的日子在问话人那里就具体化了。于是"你的出生的日子"这个概念也就明确了。

限制除具有认识作用外,也具有显著的表达作用。我们的表达必须力求准确。为了准确地使用概念,就必须对需要加以限制的概念进行限制。在《谁的孩子》中,开初,爸爸不相信有"一个月内体重增加了二十磅的孩子",是由于他儿子对"孩子"这个概念使用得不准确。后来,儿子对"孩子"加上"河马的"这个限制词,从而对"孩子"这一概念进行必要的限制后,概念的使用就变得准确了。于是父亲对儿子的话也就相信了。

运用限制的方法时,必须注意限制要适度。以下笑话就是一个限制不适度的典型例子。

好卖弄的人

好卖弄的人,陪着儿子在路上走,脸上发光,说不出的得意。

迎面来了个朋友,不认识他的儿子,问他:"这位是谁?"

好卖弄的人眉毛一扬,大着嗓门说:"他虽然是朝廷极宠爱的吏部尚书的真正外孙的第九代的嫡亲女婿,却是我生的儿子。"

这人如果回答朋友说,"这是我的儿子",即是说,对儿子进行一次限制,这样的限制是适当的,达到了准确使用概念的要求,而他前面那一长串的限制只能给人以好卖弄的感觉,从而令人捧腹大笑,其逻辑根源就在于对"女婿"这一概念作了不适度的限制。

与限制紧密联系的逻辑方法是概念的概括。限制是从属概念推演到它所包含的某一种概念的逻辑方法。与限制的推演过程相反,概括是从种概念推演到包含它的某一属概念的逻辑方法。为了从种概念过渡到属概念,就要减少种概念的内涵以增大它的外延;

请看以下幽默故事:

医生与皇帝

杆菌的发现者罗伯特·柯赫是一个著名的德国医生,他为人善良正直。

一天,普鲁士的皇帝病了,把柯赫请到皇宫来,普鲁士皇帝对他说:"我希望你替我治病能比你替病房里的病人治得更好。"

"请原谅,陛下,"柯赫回答说,"这是不可能的,因为我对待我的任何病人都像对待有病的皇帝一样。"

这则幽默故事的一个明显艺术特色是:通过医生与皇帝的一次简短对话,使医生的善良正直与皇帝的专横可笑淋漓尽致地展示在读者的眼前,并形成美与丑的鲜明对照,从而激发起读者强烈的爱憎感情。

然而,这则幽默故事其所以能达到这样高的艺术效果,是有其逻辑的力量作为基础的。其逻辑的力量就在于柯赫医生对那位普鲁士皇帝作了一次恰到好处的概括。

"作为皇帝的病人"对于"病人"来说,是一个种概念。当专横的普鲁士皇帝要柯赫替他治病比替病房的病人治得好时,柯赫就运用概括的逻辑方法,将"作为皇帝的病人"这一概念,减少了"作为皇帝的"内涵,于是就过渡到了一个外延更大的概念——"病人"。

概括这种逻辑方法可以使我们的认识由特殊过渡到一般,从而掌握事物的共同本质。

柯赫对普鲁士皇帝的概括就充分地显示了概括的这种由特殊到一般的认识作用：既然作为皇帝的病人，在医生的眼里都一样是病人，那么，你普鲁士皇帝又有什么理由要求医生替你治病时比替别的病人治得更好呢？

概括同限制一样，都是准确地使用概念的逻辑方法。当然，也同限制一样，为了达到准确使用概念的目的，就有一个限度问题。如果概括超过了限度，就会大而失当，就会犯"概括不当"的错误。不当的概括反而无助于准确地使用概念。

"概括失当"的错误，常常表现为"越级概括"的形式。

我们对概念进行概括一般都是逐级进行的，即，由一个外延较小的概念逐级过渡到外延较大的概念。至于究竟要过渡到外延多大的概念为止，那要看实际的需要。越级概括就是由一个外延较小的概念一下子就过渡到一个外延很大的概念。

比如，笔墨纸张等商品，可以概括为文具，于是，销售这些商品的铺子称为"文具店"。假若你硬要将笔墨纸张一下子概括为物质，而将出售这类商品的铺子说成是"物质店"，这不就成为笑话了吗？而这样的笑话就是以"越级概括"形式出现的"概括不当"的错误所引起的。

不该概括的时候，你硬要去概括，也会犯"概括不当"的错误。

请看下面的笑话故事：

草包县丞

从前，有个长州县的县丞，名叫马信，原籍是山东人。

有一天，他坐着船去拜见他的上司。上司问他："你乘的船停在什么地方？"

马信回答说:"停在河里。"

上司大怒,大声责骂他,"我还不知道船停在河里,真是个草包!"

马信不紧不慢地回答说:"草包也在船里。"

这里,马信将表达船停泊的具体地方那个概念进行了不该概括的概括。这样一来,他对上司的回答就成了一句废话。谁不知道船是停在河里呢? 难怪上司骂他是草包。"草包"明明指的是他本人,他却以为是指船上放着的草包。这里,又混淆了语词和概念的区别。犯了混淆概念的错误(将在讲同一律时具体讲)。所以,这个马信实在是无愧于"草包县丞"的"雅号"。

十八

"新与正确"·"大仲马画画"

——判断的本质及特征

新 与 正 确

贝尔克出版了第一本书，就在朋友面前吹嘘：

"你看过我的书吗？是一本很好的书，里面有许多新的和正确的见解！"

"我看过了，"朋友告诉他，"的确如此，你这本书里的见解，有新的，也有正确的。只是非常遗憾，这本书的见解，凡是新的都不正确，凡是正确的都不新。"

这则外国幽默中，贝尔克跟他朋友的对话，主要运用了判断这种思维形式。

判断是对事物（思考对象）有所断定的思维形式。

贝尔克的话中包含着如下两个判断：

1. 我的书是一本很好的书；

2. 我的书有许多新的和正确的见解。

这两个判断合在一起，又组成一个较为复杂的判断。

贝尔克的第一个判断断定"我的书"这一思考对象具有"一本很好的书"的属性，他的第二个判断断定"我的书"这一对象具有"有许多新的和正确的见解"的属性。

他的朋友的话可以整理为如下判断：

你的那本书确实有许多新的和正确的见解,但是,这些见解中,凡是新的都不正确,凡是正确的都不新。

贝尔克的朋友的判断也是一个较为复杂的判断,我们可以将其分解为下面四个简单判断:

1. 你书中的见解有新的;

2. 你书中的见解有正确的;

3. 你书中的所有新见解都不正确;

4. 你书中所有正确的见解都不新。

这里,第一个判断断定"你书中的见解"这一思考对象具有"有新的"这一属性,第二个判断断定"你书中的见解"这一思考对象具有"有正确的"这一属性,第三个判断断定"你书中的新见解"这一思考对象不具有"正确"这一属性,第四个判断断定"你书中的正确见解"这一思考对象不具有"新"这一属性。

所谓"断定",就是肯定或者否定。任何判断都是通过对思考对象是否具有某种属性的肯定或否定来反映现实,从而表现着人们对事物情况的某种认识的。以上幽默中,贝尔克和他的朋友的判断,其思想内容显然不同。正是这种不同,给我们显示出了一种使贝尔克难堪的"幽默感"。然而,贝尔克和他朋友的判断,都一样是对事物情况的某种断定,这是相同的。可见,对事物情况有所断定,即肯定或否定,这是一切判断最显著的特征。

判断的这一特征又引申出它的另一特征,即:判断有真假。

既然判断是对思维对象的肯定或否定,那么肯定或否定作为对事物情况的反映,就存在着是否符合客观实际的问题,即是说,有真假问题。符合客观实际的判断为真判断,否则为假判断。

请看下面一则现代外国笑话:

仁 慈 的 举 动

一个国会议员,为了拉更多的选票,他处处装作关心民众疾苦的样子。

一天,他见路上有个保育员推着婴儿车走来,就上前吻了一下婴儿。路旁有人见了朝他发笑。

议员问道:"你笑什么?"

"这是孤儿院的死婴,你吻他干什么?"

"可是保育员肯定会将我这感人的举动告诉大家,也许还会写信给报界宣扬一番呢。"

"你错了,她是个目不识丁的哑巴。"

这则笑话,以那位议员的假判断和路旁人的真判断两相对照,对那位议员的所谓"仁慈的举动"进行了嘲讽。

请再欣赏一则笑话,一则幽默:

我是死者的父亲

小镇上发生了一起交通事故。肇事地点被一大群人围得水泄不通。

有个爱赶热闹的人来晚了,他拼命用臂肘推开别人往里挤。为了能够快点挤进去,他大声嚷道:"诸位,请让我进去,让我进去,我是死者的父亲!"众人愕然,纷纷让道。待他挤到跟前一看,不禁呆住了!原来地上躺着的,是一头被车撞死的驴子。

大 仲 马 画 画

有一次,那位写《基度山伯爵》出了名的大仲马,到德国一家餐馆吃饭,他想尝一尝有名的德国蘑菇,但服务员听不懂他的法语。他灵机一动,就在纸上画了一只蘑菇,送给那位服务员。

服务员一看,恍然大悟,飞奔离去。

大仲马拈须微笑,自得其乐。他想:"我的画虽不如我的文学传神,但总算有两下子,行!"

一刻钟后,那服务员气喘吁吁地回来,手里拿着一把雨伞对他说:"先生,你需要的东西,我给你找来了。"

那位爱赶热闹的人所说"我是死者的父亲"这句话所表达的判断的虚假性,终于被地上躺着的那头死驴子所雄辩证实,令人捧腹。

至于《大仲马画画》这则幽默,对大仲马所作出的一个假判断(可以整理表达为"服务员从画中明白了我想要蘑菇的意思"),它留给读者的恰是一种令人轻松愉快的幽默感。

以上,我们通过对几则笑话、幽默的分析明白了判断这种思维形式的本质和特征。判断的本质就在于它是对事物有所断定的思维形式。判断的这个本质决定了它的两个特征是:

第一,判断必须对事物有所断定(或者肯定,或者否定);

第二,判断有真假。

人们为了表明各自的思想,就总要作出各种不同类型的判断。我们在弄清"概念"这种思维形式后,必须进一步掌握判断这种思维形式。

十九

"请等十分钟"·"幻想小说"

——判断与语句

一则题为《请等十分钟》的外国幽默说：

一个银行职员下班回家，当他发现晚饭还没做好时，便十分恼怒地对妻子说："我要到饭馆去吃饭了。"

他的妻子忙说："请等十分钟。"

"再过十分钟你就能将饭准备好吗？"

"亲爱的，十分钟内我就能收拾完，然后和你一起下饭馆。"

在银行职员和他妻子的对话中，有的话表达了对事物情况的断定，即表达了判断。如，丈夫的话"我要到饭馆去吃饭了"和妻子的话"十分钟之内我就能收拾完，然后和你一起下饭馆"都表达了对事物情况的断定，是判断。而有的话则没有表达对事物情况的断定。即并不表达判断。如妻子的话"请等十分钟"和丈夫的话"再过十分钟你就能将饭准备好吗？"这两句话中，前面一句只表达了妻子对丈夫的一种请求，是祈使句；后一句只表示丈夫对妻子提出的一种疑问，是疑问句，它们都不表达某种断定，都不是判断。

由此，我们可以看出判断与语句之间是有着某种关系的，那么，它们之间的关系究竟是一种怎样的关系呢？

如同概念与语词之间的关系,是思维形式和语言形式之间的关系的一个方面一样,判断与语句的关系,也是思维形式和语言形式之间的关系的一个方面。它们之间的关系也是一种内容和形式的关系。判断是语句的思想内容,而语句是判断的语言形式。

判断和语句之间是一种既互相联系,又互相区别的关系。它们之间的互相联系,很好理解,这是因为,判断总是由语句来表达的。人们很容易认识到判断的形成和表达对于语句的依赖性,很容易看出判断与语句之间的相互依赖性,值得注意的是判断与语句的区别。我们分三点给予说明:

1. 并非所有语句都表达判断,只有表达了对事物情况的断定,从而有真假可言的语句才表达判断。

在以上幽默中,无论是丈夫的话还是妻子的话,凡表达了对事物情况断定的,就是判断;反之,没有表达对事物情况断定的,都不是判断。

可以看出,某一语句是否表达判断,就要看它是否包含了判断的两大特征,即对事物有所断定和有真假可言。而第一特征是关键,第二特征是由第一特征派生出来的。

2. 不同语句可以表达相同的判断。

请看幽默:

戴帽的女观众

西洋习俗,男子戴帽,入室必须摘下,妇女的大檐帽,在室内亦可不摘。

某电影院常有戴帽的女观众,坐其后者,极为反感,一起向电影院经理提意见,请其通告禁止。经理说:"禁止欠妥,只有提倡戴帽尚可。"大家很失望。

这一天,在影片放映前,银幕上果然出现一则通告:"本院为了照顾衰老高龄的女客,允许她们照常戴帽,不必摘下。"

通告一出,所有女帽全部摘下,无一存者。因为西洋妇女,虽年达五六十岁,还自命年轻貌美,不肯承认自己是高龄女客。

很明显,女观众的"坐其后者"向电影院经理所提意见,以及经理所说那句使大家很失望的话和银幕上出现的一则通告,其所表达的判断实际上完全一致,都表达了对女观众在看电影时戴帽这一现象持否定看法。这可视为不同语句表达相同判断的一个实例。

在日常生活中,运用不同语句可以表达相同的判断的逻辑知识,可以表达对方不愿承认而又不得不承认的错误,而且极富幽默感。请欣赏如下幽默:

查尔斯巧致歉意

牛津大学有一个叫艾尔弗雷特的年轻人,他在同学们面前朗诵自己新创作的一首诗。同学中有个叫查尔斯的说:"艾尔弗雷特的诗我非常感兴趣,不过,它是从一本书中偷来的。"

这话传到艾尔弗雷特的耳朵里,他非常恼火,要求查尔斯向他赔礼道歉。

查尔斯说:"我说的话,很少收回。不过这一次,我承认是我错了。我本来以为艾尔弗雷特的诗是从我读的那本书里偷来的,但我到房里翻开那书一看,发现那首诗仍然在那里。"

3. 在不同语境下,同一语句可以表达不同判断。

这种语句的多义性往往是由语词的多义性造成的。

请看笑话:

算错了三块钱

一位妇女走进食品商店,对营业员说:

"小姐,今天早上我买了十公斤土豆,您在找钱时算错了三块钱。"

"那您当时为什么不向我声明?"营业员微带愠怒说,"可惜现在为时太晚了,"

"那好,"妇女平静地说,"那我就只得收下这三块钱了!"

"算错了"这一语词可以有两种含义:一是"多算了"一是"少算了"。这就使得"算错了三块钱"这一语句,在不同语境下,也可以有两种含义,从而表达了不同的判断。这句话在妇女的思维活动中,所表达的判断是,"营业员少算了钱",而营业员却将这句话理解为如下判断,"营业员多算了钱"。

同一语句表达不同判断的情况是常见的,修辞学中的"双关"手法就以此为基础。而下面一则幽默中就是用"双关"的手法来形成一种特有幽默感的:

幻 想 小 说

一位男读者来到图书馆,向女管理员借一本名为《女人是男人的仆人》的书。

"这是一本幻想小说",女管理员白了他一眼,"这里没有!"

在此,"幻想小说"一语双关,既可指一种小说的样式,又可表达"幻想出来的(事实上没有的)小说"这一概念。由于"幻想小说"这一语词表达了一语双关的概念,就导致了"这是一本幻想小说"这一语句表达了"一语双关"的判断。

再看以下用同一语句表达不同判断的幽默实例:

乞丐和贵妇人

一个年轻的乞丐常在街上行乞。一天一位贵妇人走过去对他说,"你这样年纪轻轻的,实在应该到工厂去。"

"我去过许多工厂了,夫人,"乞丐告诉她,"可他们什么东西也没有给我。"

在此,贵妇人的话"你这样年纪轻轻的,实在应该到工厂去"可以表达两个判断,即:"你应该到工厂去做工"和"你应该到工厂去行乞"。

贵妇人本人所表达的判断当然是前者,而乞丐对这句话的理解所形成的判断却是后者。

应用同一语句可以表达不同判断的逻辑知识,有时可以让我们在欣赏某些幽默中所富含的人生哲理的同时,领略到逻辑所特有的幽默力量。请看以下台湾《讲义》月刊 2010 年 7 月号发表的星云法师的幽默小品:

最好的修行

有一天,有源律师前去请教大珠慧海禅师:"和尚,请问你修道有没有秘密用功的法门?"禅师回答:"有啊,每个人都有自己的密行。"

有源律师接着问:"请教你是怎么样秘密用功的呢?"禅师很自然地说:"肚子饿的时候就吃饭,身体困时就睡觉。"

有源律师一听,不禁疑惑起来:"可是,一般人的生活,不也是每天要吃饭和睡觉吗? 这难道和禅师你的密行都相同吗?"禅师不以为然地摇摇头说:"不同,不同。"

"什么地方不同呢?"有源律师继续追问。禅师微微一笑,答道:"一般人在吃饭时,常常挑肥拣瘦,有好吃的就贪吃,不好吃的就不吃。然后该睡觉时不睡,却胡思乱想,千般计较,万般思量。"

虽然是吃饭、睡觉这么简单的事情,可是,究竟有多少人可以舒舒服服地吃饭、安安逸逸地睡觉?有的人食不知味,有的人睡不安心。如此一来,人生其他的事,又怎么能做得好呢?

所以,平常心很重要。当吃饭时,把饭吃饱;当睡觉时,把觉睡好。这就是最好的修行。每天该做的工作,把它做完;还要用合理的方法待人,不要对别人和社会留下歉疚。这也是最好的生活。

在以上幽默小品中,"肚子饿的时候就吃饭,身体困时就睡觉"。这一语句明显表达了如下两个截然不同的判断:

1. 一般人在吃饭时,常常挑肥拣瘦,有好吃的就贪吃,不好吃的就不吃。然后该睡觉时不睡,却胡思乱想,千般计较,万般思量。

2. 当吃饭时,把饭吃饱;当睡觉时,把觉睡好。这就是最好的修行。

这两种不同的判断所导致的结果,形成了两种截然相反的人生态度,从而导致了对自己、他人和社会的相反影响。

当然,以上幽默小品中所展现的逻辑的幽默力量不只涉及同一语句可以表达不同判断的逻辑知识,而且还涉及推理等逻辑知识。对此,我们亦将在本书续编《笑话·幽默逻辑赏析》中给予全面分析。

二十

"救爸爸"·"不是我干的"

——隐含判断

有的语句,本身并不直接表达判断,但其中却隐含着某种错误判断。

先欣赏两则幽默:

救 爸 爸

一个小女孩第一次在电话里听到她父亲的声音时,便大哭起来,她的母亲问道:"孩子,怎么啦?""妈妈,"女孩说,"我们怎样才能把爸爸从这样小小的洞眼里救出来呢?"

等你胡子长出来

一天,有个调皮的男孩学着大人的样子来到理发店:"理发师先生,请给我刮胡子!"理发师让他在理发椅上坐下来,并在他脸上涂满了肥皂水,便跟别人闲扯去了。那个男孩等得不耐烦,叫了起来:"理发师先生,你什么时候才替我刮胡子呀!"

"我在等你胡子长出来呢!"理发师答道。

在《救爸爸》中,小女孩的问话"我们怎样才能把爸爸从这样小小的洞眼里救出来呢?"是一个疑问句,它不直接表达判断,但可以分析出,其中隐含了一个假判断:爸爸在小小的洞眼里。这就决定了小女孩的这一提问不能给予直接回答,必须首先告诉她,你这句问话中包含了一个错误的判断。

可以看出,小女孩的问话中隐含了错误判断,正是这则幽默给人以幽默感的逻辑基础。

在《等你胡子长出来》中,那个调皮的男孩说了两句话:"理发师先生,请给我刮胡子!""理发师先生,你什么时候才替我刮胡子呀!"其中,第一句话是祈使句,不直接表达判断。第二句话可以认为是一般疑问句,也可以认为是感叹句。但无论是一般疑问句也好,还是感叹句也好,都不直接表达判断。然而,在这两句话中,都同样隐含着一个错误判断,即假判断:我已经长出了胡子。显然,理发师对待他这隐含了虚假判断的话,采取了十分高明的办法。

这里,我们看到,无论是调皮小孩话中的隐含判断,或是理发师对此所采取的高明办法,都一样给人以逗趣的幽默感,从而令人轻松愉快!

以上两则幽默中所隐含的错误判断都给人以童真的情趣,而下面一则幽默中所隐含的错误判断就与此大不一样了。

> 一说话不动脑的男人与一位小姐共舞。
>
> 男人:"你结婚了吗?"
>
> 小姐:"还没有。"
>
> 男人:"你有孩子了吗?"
>
> 小姐大怒,拂袖而去。男人寻思,下次不能再这样问了。
>
> 后又接着与一妇人跳舞。
>
> 男人:"你有孩子了吗?"
>
> 妇人:"有两个。"
>
> 男人:"你结婚了吗?"

这位男士与两位舞伴的对话中所隐含的错误判断大家都可轻易看出,这正是他令人啼笑皆非之所在。

下面一则外国军旅幽默的笑点也正在于一士兵最后那句问话中所隐含的一个错误判断：

草人喝完了我们的威士忌

中士领着一队新兵进行刺杀训练。并向他们训话："你们听着：这些草人就是你们真正的敌人，他们烧掉了你们的房子，杀害了你们的父母，抢去了你们的姐妹，偷去了你们的钱财，喝完了你们的威士忌！"说完，中士走到队伍后面，挥手叫士兵们振奋精神，表情严肃地向草人冲去。其中一士兵上去格外愤怒。只见他目露凶光，紧咬嘴唇，回头来大声问道："中士，是哪一个喝完了我们的威士忌？"

显然，这位士兵问话中所隐含的错误判断是：有一个草人喝完了我们的威士忌。

当然，并非隐含在句子中的判断都一定是错误的。也并不是说，所有隐含判断都只能隐含在不直接表达判断的一句话中。

请欣赏以下幽默：

不 是 我 干 的

三岁的丹丹不小心将衣柜上拉手弄坏，无论父亲怎样追问她都说不是她干的。父亲便换个方式问："丹丹，我知道这不是你干的，可是我想知道你是怎样把它弄下来的？"

"我轻轻一拧，它就下来了。真的不是我干的。"

这里，父亲换个方式的提问就隐含了丹丹不愿接受的判断：衣柜上的拉手是丹丹弄坏的。类似这种隐含有对方不能接受的判断的问语叫做复杂问语。对这种复杂问语，只要你直接回答，无论如何都会陷入圈套。丹丹就这样不知不觉地承认了她不愿承认的事实：拉手是她弄坏的。而她却还天真地接着说："真的不是我干的。"其幽默情趣油然而生。

有时候，一个判断隐含在字里行间，不明言出来，可以显得更为风趣、幽默。因此，笑话、幽默常常运用"隐含判断"的逻辑知识来艺术地表现主题。

例如：

爱显年轻的夫人

一位夫人已经两鬓斑白，满脸皱纹，但她总想把自己说得年轻一些。有一次，她对一位新近结识的朋友说："你知道吗？我和我妹妹加起来一共六十六岁。"

"啊哟哟，"朋友惊叫起来，"难道你把一个这么小的妹妹丢在家里放得下心吗？"

这位夫人的朋友惊叫起来时所说的那句话是一个反诘疑问句。而反诘疑问不仅表达判断，而且表达比陈述句的断定程度更强烈的判断。

这句话所表达的判断用陈述句来表达，就是：你把一个这么小的妹妹丢在家里是放不下心的。

在这一判断中隐含了如下判断：你并不像你自己所想象的那样年轻。

像这样运用"隐含判断"来表现主题，是极富幽默感的。

以下一则幽默对一位自负的作家进行了轻微的嘲讽：

自 负 的 作 家

一个作家非常自负。

一天，一个新闻记者向他说："我亲爱的先生，在当今世界文坛上，我知道只有两个了不起的人……"

作家微笑着说："我想知道另一位是谁？"

可以看出,这位作家的话里隐含的判断是:他本人就是当今世界文坛上两个了不起的人中的一个。

请欣赏如下幽默:

驼背的老鼠

外国著名滑稽演员侯波有一次在电视台表演说:"我住的旅馆,房间又小又矮,连老鼠都是驼背的。"

几天后旅馆老板准备控告侯波诋毁旅馆的名誉,侯波只好赶紧在电视台声明:"上次我曾说过,我住的旅馆房间里的老鼠都是驼背的,这句话说错了。我现在郑重更正,那里的老鼠没有一只是驼背的。"

这里,滑稽演员侯波在他所谓认错的话中隐含了一个判断:我住的旅馆房间里有老鼠,而且不止一只。这样一来,不但巧妙地仍然坚持了他上次在电视台表演中所持的基本观点,而且使其幽默讽刺的意味更为强烈地展示在观众的眼前。

有的笑话,幽默其所以引人发笑是由于"意在言外"。从逻辑上讲,就是在某一判断之外还隐含了别的判断。请看笑话:

一 两 不 收

某县官一到任,就贴了一张告示,上面强调:"行贿一两白银者重打五十大板。"

百姓看了告示,都说来了个清官。

有位衙吏看了告示,吓得直伸舌头。我正准备送他五十两银子,那不是要把我打成肉酱啦?从此,再不敢巴结这位县太爷。后来,该衙吏常挨县官责骂,差点被革职,为此他很苦恼,不知到底为何得罪了上司。一天,衙吏的朋友见面就问:"你送多少银子给县太爷的呢?""我一两也没送啊!""怪不得你差点被革职。""告示上不是说，行贿一两白银者重打五十大板吗？"那位朋友哈哈大笑道："那告示你没看懂，他是说：送一两白银重打五十大板，送到二两以上就不挨打……"

这则中国古代笑话挖苦了伪装清官的贪官以及行贿的衙吏。其引人发笑之处在于那位衙吏没能看出"行贿一两白银者重打五十大板"其言外的隐含判断：送到二两以上就不挨打。至于这隐含判断后的省略号中隐含的判断是各位读者都能看出来的。

当然，"意在言外"的隐含判断也并非全用于讽刺、挖苦。有时，一方对另一方隐含判断的不解则充满情趣，从而形成一种轻松的幽默感。

请看：

不 解 风 情

苏珊女士有个胆怯的男朋友，名叫强生。他很想亲近她，又没勇气。苏珊发觉他的弱点，一天晚上在花园里，想设法给他一个亲近她的机会。

苏珊："有人说，男子手臂的长度恰好等于女子的腰围，你相信不相信？"

强生："你要不要找一根绳子来比比看？"

胆怯的强生之所以"不解风情"，就在于他因胆怯而未能识别出苏珊问语中的隐含判断：你应该伸出手臂亲近我。

总之，隐含判断在笑话、幽默中运用十分广泛。运用得好，将会获得意想不到的艺术效果，从而显现出逻辑思维与形象思维相结合而生发出来的特殊魅力。

二十一

"手里拿着斧头"·"投稿"

——判断的种类

同样是对事物情况有所断定,但不仅其断定的程度不同,而且判断的构成方式等也是不相同的。可见,判断有着不同的种类。

让我们先来欣赏几则笑话和幽默,然后再以它们为实例讲清关于判断分类的知识。

实例一:

手里拿着斧头

老师在上道德课时说:"美国总统华盛顿小时候错把他父亲种的一棵樱桃树砍倒后,大胆地承认了自己的过错,而他的父亲却没有处罚华盛顿。"老师问学生:"谁能告诉我为什么华盛顿没有受到处罚?"

一学生举手答道:"可能华盛顿的手里还拿着斧头。"

实例二:

喜欢下雨的人

"雨越下得大,我越高兴。"

"你一定是个乐天派。"

"不,我是卖雨伞的。"

实例三:

太太的病

一位有钱的太太觉得很无聊,于是她常常到医院去。今天说:"我觉得有什么东西在我的肝脏里。"明天说:"我的心脏跳得太快了。"后天说:"我昨天开始头痛。"每一次诊断后,医生都说:"没有病,太太,绝对没有病。"

有一段时间,她没来医院。一天,她又来了。医生问她:"太太,好久没有看到你了,什么事啊?"

"唉! 大夫,这段时间我生病了。"

实例四:

比我多去一次

爸爸教育小华说:"你越来越不像话了,晚上也不复习功课,只知道往俱乐部跑。我到俱乐部下棋,十次倒有九次看到你!"

小华回答说:"那,那您比我还多去一次呢!"

实例五:

毛 病

妻子拿着一叠账单向丈夫抱怨说:"都怪你月初大吃大喝,现在没钱了。这房租、水费、电费、煤气费怎么付?"

"都怪我不好,我的毛病是:有钱就要花。"丈夫作了一番检查,见妻子消了一点气,又补充了一句:"而你的毛病是:没钱也要花。"

实例六:

妈 妈 太 忙

老师:"你的作业怎么又是你爸爸替你做的?"

学生:"我本来不想让他再替我做,可妈妈总是忙得脱不开身。"

实例七：

迟　　到

"你迟到了！"电影院看门人对一个观众说："电影早就放映了，我不能让你进去。"

"不要紧，你只要把门开开一点就行，然后我悄悄地进去。"

"不行，如果我把门打开，观众就会跑掉了。"

实例八：

投　　稿

甲："我投的稿件，杂志一篇都不用，简直成问题。"

乙："大概质量都很差吧？"

甲："不会，并非我的所有稿件质量都差。我有相当数量的稿件是从别的报刊上抄来的！"

实例九：

海涅的反击

德国大诗人海涅因为是犹太人，经常遭到各种非礼。在一次晚会上，一个"素有教养"的旅行家，对海涅讲述他在环球旅行中发现的一个小岛。他说："你猜猜看，在这个小岛上有什么现象最使我感到惊奇？"紧接着他又冷冷一笑，恶意地讽刺说："在这个小岛上竟没有犹太人和驴子！"海涅白了他一眼，不动声色地反击道："如果真是这样的话，那么只要我和你一块到小岛上去一遭，就可以弥补这个缺陷了！"

在具体地讲述判断的逻辑特征和逻辑关系之前，我们有必要将判断依据不同的标准，把它们分为不同的种类。

首先,以判断是否包含"必然"、"可能"等表达对事物断定程度的模态词为标准,把判断分为非模态判断和模态判断。实例一中,一学生的回答"可能华盛顿的手里还拿着斧头"所表达的判断,就是一个包含模态词"可能"的模态判断。这一判断的明显虚假性,使人捧腹大笑。除含有"可能"这类模态词的可能模态判断之外,还有一种模态判断是含有"必然"这类模态词的必然模态判断。实例二中的"你一定是个乐天派"就表达了一个必然模态判断。这里的"一定"是"必然"的意思,属必然模态词。这一必然模态判断当然也是一个假判断,因为它所断定的事物情况与实际情况不合。

其次,我们可将不含模态词的非模态判断以判断的构成方式为标准,分为简单判断和复合判断。本身不包含其他判断的判断叫简单判断,本身包含其他判断的判断叫复合判断。以判断中断定的是事物性质还是断定事物间的关系为标准,简单判断又可分为性质判断和关系判断。在实例三中,那位有钱太太所说的话全都表达的是性质判断。医生所说"没有病,太太,绝对没有病。"这句话所表达的也是性质判断。实例四中,小华的回答"那,那您比我还多去一次呢!"所表达的是关系判断。在复合判断中,按逻辑联结词的性质不同,可将它分为联言判断、选言判断、假言判断和负判断,此外,还有多重复合判断。

实例五中,丈夫的话可整理为如下判断:我的毛病是有钱就要花,而你的毛病是没钱也要花。这是一个联言判断。

在实例六里,学生的回答中隐含了如下判断:我的作业或者由爸爸替我做,或者由妈妈替我做。这是一个选言判断。

实例七的最后一句话"如果我把门打开,观众就会跑掉了"所表达的是一个假言判断。

实例八中,"并非我的所有稿件质量都差"这句话所表达的是一个负判断。

实例九中,海涅反击旅行家那句话所表达的是一个多重复合判断。

现在,我们可将判断的分类情况,列出简表如下:

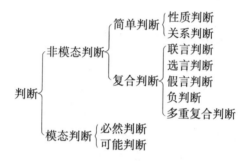

这里,需要说明的是,以上,我们指出了九个实例中所包含的各种判断,在多数情况下,没有分析它们之所以引人发笑的逻辑基础。我们这一题的主要目的,不过是想借用几则笑话幽默实例,让大家对判断的分类知识有一个初步的了解。

二十二

"新娘与新郎"·"爷爷和孙女"

——性质判断及其四种逻辑形式

新娘与新郎

结婚后,新娘问新郎:"我问你,别瞒着我,你在和我结婚之前,有谁摸过你的头,揉过你的发,捏过你的面颊?"

新郎:"啊,这太多了。昨天,在同你举行婚礼之前就有……"

新娘(愕然):"谁呀?"

新郎:"理发师。"

爷爷和孙女

吃饭时,小索菲亚有话要对祖父说:"爷爷……"

祖父打断她的话,教训她说:"小孩子吃饭不要讲话,知道吗?"

小索菲亚听了,只得不作声。

吃过饭,祖父说:"好,刚才你有什么话要说,现在讲吧。"

"太迟了,爷爷。我刚才想告诉你,你的汤匙上有一只苍蝇,可是你已经把它吞下去了。"

修 补 帽 子

有个人头上戴了个破帽子,朋友见了,对他说:"你为什么不把这破帽子请人修补一下?"

他听了不高兴地说:"你倒好哇,叫我花钱修补好帽子,让你来看呀!"

直接断定事物具有或不具有某种性质的判断叫性质判断。

以上三则幽默中至少包含或隐含着六个性质判断。我们可以将它们整理表达如下:

① 凡摸过新郎的头、发和面颊的人都是他的情人;

② 有的摸过新郎的头、发和面颊的人不是他的情人;

③ 小孩子吃饭时都不该讲话;

④ 小孩子吃饭时,在有的情况下该讲话;

⑤ 这破帽子该花钱修补好;

⑥ 这破帽子不该花钱修补好。

在以上性质判断中,有表示肯定的(①、④、⑤),有表示否定的(②、③、⑥),表示肯定的叫肯定判断,表示否定的叫否定判断。肯定和否定叫做判断的质。性质判断中表示肯定和否定的组成部分叫联项,联项通常用"是"或"不是"来表达,作为语言形式,肯定联项有时可以省略。

性质判断中表示被断定对象的概念叫主项,而表示对象具有或不具有的性质的概念叫谓项。

性质判断有断定主项全部外延的,有断定主项部分外延的。前者叫全称判断,后者叫特称判断。"全称"或"特称"叫做判断的量。性质判断中表示主项"量"的概念叫量项。全称量项用"一切"、"所有"、"任何"、"凡是"等表达,特称量项用"有些"、"有的"等表达。在语言中,有时全称量项能省略,但特称量项不能省略。

以上六个判断中,①、③、⑤、⑥都是全称判断,②、④是特称判断。

在全称判断中,有的主项是普遍概念,如上①、③,有的主项是单独概念,如上⑤、⑥,主项为单独概念的判断又叫单称判断。由于它们对主项外延都是给予全部断定的,所以,在处理一些逻辑问题上我们将它们统统视为全称判断。

通过以上分析,我们可以看出,性质判断由四个部分组成:主项、谓项、联项、量项。性质判断的逻辑形式有:全称肯定、全称否定、特称肯定、特称否定、单称肯定、单称否定判断等六种形式。如果将单称判断也当全称判断看待,那么这六种性质判断又可概括为四种逻辑形式。用 S 表示主项,P 表示谓项,我们列表如下:

判断名称	逻辑形式	符　号	简　　称
全称肯定判断	所有 S 是 P	SAP	A
全称否定判断	所有 S 不是 P	SEP	E
特称肯定判断	有的 S 是 P	SIP	I
特称否定判断	有的 S 不是 P	SOP	O

"名人与广告"·"法官与惯偷"

——各种性质判断的逻辑特征以及由此决定的具有相同素材的 A、E、I、O 四种性质判断之间的对当关系

亲爱的读者,你能在如下两则幽默中,透过字里行间,分别找出其所包含或者隐含着的 A、E、I、O 四种性质判断吗?

名人与广告

一个鞋油厂的厂长要求用肖伯纳的名字做一种新鞋油的牌子,于是对肖伯纳说:"如果你同意这样办,全世界都会因此而熟知你的大名。"肖伯纳说:"你说的对极了! 可是那些打赤脚的呢? ……"

法官与惯偷

大法官:"你偷了一辈子东西,没有一元钱是光明磊落挣来的。"

惯偷:"不,有一元钱是例外。上次选举,我投了你的票,得了一元钱。"

在《名人与广告》中,鞋油厂厂长的话所表达的是一个假言判断,但是,其中却隐含着一个全称肯定判断即 A 判断:所有人都有鞋穿。而肖伯纳的那句问话"可是那些打赤脚的呢?"中隐含着一

个特称否定判断即 O 判断:有的人没有鞋穿。

在《法官与惯偷》中,大法官的话所表达的是一个全称否定判断即 E 判断:你所有的钱都不是光明磊落挣来的。而惯偷的话中包含了一个特称肯定判断即 I 判断:我有的钱是光明磊落挣来的。

现在,我们以上面四个性质判断为实例来分析各种性质判断的逻辑特征。

性质判断是断定事物性质的,而事物的性质总是存在于事物之中的。因此,性质判断反映着两类事物之间的关系。具体说来,反映两类事物,即主项 S 所表示的事物和谓项 P 所表示的事物的外延之间的相同或是相异的关系。我们回忆一下,就可以记起来,在讲概念外延间的关系时,我们讲过了,在两个概念间,其外延方面可能存在的关系共有以下五种,即(1) 全同关系,(2) 包含于关系,(3) 包含关系,(4) 交叉关系,(5) 全异关系(不相容关系)。

那么,一个性质判断,当它反映了两类事物间可能存在的五种关系中的哪些种关系时是真的或是假的呢? 对这个问题的回答,也就给我们指明了 A、E、I、O 四种性质判断的逻辑特征。

当 S 类事物和 P 类事物处于全同关系时,我们就可以断定:所有 S 是 P,并且所有 P 是 S;

当 S 类事物和 P 类事物处于包含于关系时,我们就可以断定:所有 S 是 P,并且,有的 P 不是 S;

当 S 类事物和 P 类事物处于包含关系时,我们就可以断定:有的 S 不是 P,并且所有 P 是 S;

当 S 类事物和 P 类事物处于交叉关系时,我们就可以断定:有的 S 是 P,有的 S 不是 P 并且有的 P 是 S,有的 P 不是 S;

当 S 类事物和 P 类事物处于全异关系时,我们就可以断定:

所有 S 不是 P 并且所有 P 不是 S。

这样,我们就可以看出 A、E、I、O 四种性质判断的逻辑特征分别如下:

1. "所有 S 是 P"即 A 判断在反映两类事物之间的全同关系(1)、包含于关系(2)时为真;反映包含关系(3)、交叉关系(4)、全异关系(5)时为假。

2. 所有 S 不是 P 即 E 判断反映两类事物间的全异关系(5)时为真;反映其余(1)、(2)、(3)、(4)种关系时为假。

3. 有的 S 是 P 即 I 判断,反映全异关系时为假、反映其余四种关系时为真。

4. 有的 S 不是 P 即 O 判断,反映(3)、(4)、(5)种关系视为真;反映(1)、(2)种关系时为假。

据此,我们来分析四种性质判断实例的真假。

在"所有人都有鞋穿"这一 A 判断中,主项 S 是"人",谓项 P 是"有鞋穿(的人)"。事实上,"人"这一类事物与"有鞋穿(的人)"这一类事物之间具有包含关系,即:有的人没有鞋穿,并且,所有有鞋穿(的人)是人。在处于包含关系时,A 判断为假。所以,"所有人都有鞋穿"是一个假判断。

再来看"有的人没有鞋穿"这一 O 判断。这一 O 判断与以上 A 判断是具有相同素材即具有相同主谓项的判断。它们的主谓项都分别为"人"和"有鞋穿(的人)"。如上所说,其主谓项所反映的两类事物间为包含关系。而处于包含关系时,O 判断为真。所以,"有的人没有鞋穿"是一个真判断。

至于在"你所有的钱都不是光明磊落挣来的"这个 E 判断和"我有的钱是光明磊落挣来的"这个 I 判断,它们是真是假,也必须看它们事实上反映了什么关系。根据其所处那则幽默的语言环境来看,其 E 判断反映了两类事物间的全异关系,所以,是一个真判断;而其 I 判断,由于同 E 判断素材相同,故其所反映的也是两类事物间的全异关系,而 I 判断在反映全异关系时为假,故这个 I 判断是一个假判断。

现在我们根据各种性质判断的逻辑特征,列表如下,来表明具有相同主谓项的 A,E、I、O 四种性质判断之间的真假制约关系:

判断的真假关系　　判断类别	全同关系	包含于关系	包含关系	交叉关系	全异关系
SAP	真	真	假	假	假
SEP	假	假	假	假	真
SIP	真	真	真	真	假
SOP	假	假	真	真	真

从上表,我们可以清楚看出,具有相同素材的 A、E、I、O 四种性质判断之间具有如下的真假制约关系:

1. A 与 E 之间的反对关系

当 A 真时,E 必假,当 E 真时,A 必假;当 A 假时,E 可真可假(不定),当 E 假时,A 不定。这种 A 与 E 之间所存在的当一个真,另一个必假,而当一个假,另一个真假不定的关系,即两判断不能同真,可以同假的关系,叫做反对关系。

2. I 与 O 之间的下反对关系

当 I 假时,O 必真,当 O 假时,I 必真;当 I 真时,O 不定,当 O 真时,I 不定。这种 I 与 O 之间所存在的当一个假,另一个必真,而当一个真,另一个真假不定的关系:即两判断不能同假、可以同真的关系,叫做下反对关系。

3. A 与 I、E 与 O 之间的从属关系(差等关系)

"A 与 I"、"E 与 O"之间具有如下从属关系:全称真则特称必真,全称假则特称真假不定;特称假则全称必假,特称真则全称真假不定。

4. A 与 O、E 与 I 之间的矛盾关系

这是一种两判断间不能同真,也不能同假的关系,即一个真,另一个必假,一个假,另一个必真。A 真则 O 假,O 真则 A 假;A 假则 O 真,O 假则 A 真。E 与 I 之间的关系也一样。

A、E、I、O 四种判断之间的上述真假关系用一个四方形和两条对角线表示出来,就是传统逻辑所谓"逻辑方阵"。

这种由逻辑方阵所表示的具有相同素材即相同主谓项的 A、E、I、O 四种性质判断之间的真假关系,又叫作对当关系。

对当关系主要运用在以下两个方面:

(1)运用对当关系由一个性质判断的真假,推知其他三种判断的真假情况。

如:已知"你所有的钱都不是光明磊落挣来的"这一 E 判断为真,就可根据反对关系,推知"你所有的钱都是光明磊落挣来的"这一 A 判断为假。根据矛盾关系,可推知"你有的钱是光明磊落挣来的"这一 I 判断为假,根据从属关系,可推知"你有的钱不是光明磊落挣来的"这一 O 判断为真。

(2)可以运用矛盾关系来反驳一个虚假判断。

如：在《名人与广告》这则幽默中，肖伯纳就是运用矛盾关系，用"有的人没有鞋穿"这个 O 判断对"所有的人都有鞋穿"这个虚假的 A 判断进行反驳的。

运用矛盾关系进行反驳，是笑话、幽默常用的一种艺术手法。

第二十二题中所引三则幽默都是运用矛盾关系进行反驳的实例。这里只谈前两例。

在《新娘与新郎》中，新郎用一个 O 判断对新娘的那个 A 判断进行了反驳，从而显示出特有的幽默感。而这里的 O 判断和 A 判断在幽默中都是隐含判断。通过对幽默的分析，我们是可以将它们整理出来的。

在《爷爷和孙女》中，爷爷误吞苍蝇的事实证明了"小孩吃饭时，在有的情况下该讲话"这一 I 判断的正确性。正是这一 I 判断对爷爷的"小孩子吃饭时都不该讲话"这一 E 判断进行了幽默性的反驳。

关于对当关系的运用问题，还有以下两点值得注意：

第一，在已知一个反对判断为真时，我们也可用它来反驳另一个虚假的反对判断。

请看幽默：

伟 大 的 诗 人

编辑："这首诗是你自己写的吗?"

青年："是的，每句都是。"

编辑："那我很高兴见到你，拜伦先生。我以为你死了很久哩。"

这里，青年的话表达了如下判断：这首诗中的每句话都是我自己写的。

编辑对他进行讽刺幽默的那句话中隐含了如下判断：这首诗中的每句话都不是你自己写的(而从英国大诗人拜伦那儿抄来的)。

在已知"这首诗中的每句话都不是那位青年写的"这一全称否定判断为真的情况下,编辑运用了反对关系对其虚假的反对判断"这首诗中的每句话都是那位青年写的"进行了反驳。

但是,运用反对关系来进行反驳时,是有条件的,即用来进行反驳的反对判断必须是已知为真的判断。这是因为,根据对当关系,具有反对关系的两个判断可以都是假的。我们不能用假判断来反驳假判断。

请看以下幽默：

改 话 题

父亲："女儿们,你们真使我感到厌恶。我成天尽听到你们谈论衣服。你们谈点别的不行吗？"

女儿："好的,爸爸。我们这就改,从现在起,我们天天谈帽子……"

这里,女儿的回答之所以可笑,就是因为她们在运用反对关系进行反驳时犯了以一个虚假的反对判断去反驳另一个虚假的反对判断的逻辑错误。

"每天只谈论衣服"与"每天只谈论帽子"("每天不是只谈论衣服")二者之间具有不能同真,可以同假的关系即反对关系。很明显,如果"每天只谈论衣服"真,那么"每天只谈论帽子"必假,反之亦然。但是,"每天只谈论衣服"假,并不必然意味着"每天只谈论帽子"真。根据反对关系,当"每天只谈论衣服"假时,"每天只谈论帽子"可真,可假。具体在这里,显然"每天只谈论帽子"也是不对的,即是说,是假的。因此,用一个假的反对判断去反驳另一个假的反对判断,是达不到反驳的目的的。

第二,在运用对当关系原理时,不能将单称肯定判断和单称否定判断之间的关系当作反对关系。它们之间的关系是矛盾关系。

例如,我国古代有一则题为《四时不正》的笑话说:

> 正是数九寒天,一个富翁穿着狐皮大衣坐在暖烘烘的屋里,和客人围着火炉饮酒。他喝着喝着,身上出汗了,就摘掉帽子,脱下大衣,大声喊道:"今年冬天这么暖和,真是天时不正呀!"
>
> 在门口站着的仆人,正在寒风里冻得打颤,听到这话忙答道:"我们感觉今年冬天的天时正得很呢!"

"今年冬天天时不正"和"今年冬天天时正"分别是单称否定判断和单称肯定判断。它们之间具有矛盾关系。这里,仆人运用矛盾关系对富翁进行反驳,从而对其进行了无情的嘲笑和辛辣的讽刺。

在二十二题所引幽默《修补帽子》里,那个头上戴破帽子的人也是运用单称肯定判断和单称否定判断之间的矛盾关系进行反驳的。他用"这破帽子不该花钱修理好"对"这破帽子该花钱修理好"进行了反驳。由于他用来进行反驳的判断"这破帽子不该花钱修理好"的理由荒唐,故他的这一反驳显得十分可笑。

另外,以上"第二"中所述原则可说是逻辑学的一条重要规则。但以下幽默实例却向我们提出一个需要进一步讲明的问题:具有相同主谓项的单称肯定判断和单称否定判断之间是不是任何情况下都是矛盾关系?

莎士比亚不是酒

一个商人和他的朋友应邀到一位教授家吃晚宴。席间,一位客人问他是否喜欢莎士比亚。他回答:"喜欢。但我更喜欢威士忌。"众人哑然。回家路上,他的朋友说:"你真蠢! 干吗提威士忌? 谁都知道,莎士比亚不是酒,而是一种奶酪。"

显然,这则笑话的笑点,正在于那位商人的朋友自作聪明地用"莎士比亚不是酒,而是一种奶酪"这一假判断去反驳被他斥为"真蠢"的商人的另一假判断"莎士比亚是一种酒"。这两个判断之间的关系恰是反对关系,而这两个判断"莎士比亚是酒"与"莎士比亚不是酒"又恰是单称肯定判断和单称否定判断。

对此,后面讲"矛盾律"时也会涉及此类情况,请读者朋友思考,再思考。对于这一问题的全面分析,亦将在本书续编《笑话·幽默逻辑赏析》中进行。

二十四

"剧场效果"·"可惜我不残"

——性质判断中词项的周延性

以下三则笑话都取材自我国现实生活:

笑话一:

剧 场 效 果

演员:今天的剧场效果出乎意外,我谢幕三次观众还掌声如雷……

导演:那是自然的。因为您把假鼻子弄歪了。

笑话二:

听 来 的 神 话

在候车室的一角,一位姑娘正在低头看书。在她身旁,坐着一个小伙子。

男:你在看什么书?

女:《戏剧丛刊》

男:有喜剧吗? 我最爱看喜剧啦! 什么喜剧我都看过!

女:果戈理的《钦差大臣》你也看过?

男:看过好几次了,那是讲林则徐禁烟的故事。

女:啊! ……

笑话三：

可 惜 我 不 残

　　某人看了报纸上介绍身残志不残的张海迪的事迹后,深有感慨地说:"唉! 可惜我不残,要不,也能一样成才。"

　　以上笑话之所以引人发笑,都涉及性质判断中词项的周延性问题。

　　性质判断的主项和谓项叫做词项。在一个性质判断中,是否断定了某一词项的全部外延,这一问题就叫做词项的周延性问题。如果在某一性质判断中,断定了某一词项的全部外延,我们就说这一词项在该判断中是周延的,如果只是断定了这一词项的部分外延,该词项就是不周延的。

　　词项的周延性问题只存在于判断之中。一个孤立的概念,即离开了判断的概念,只有外延问题,没有周延问题,当一个概念成为某一判断的词项时,它才有周延性问题。

　　笑话一中,演员的话包含了两个性质判断,即:"剧场效果好的演出是使观众掌声如雷的演出"和"使观众掌声如雷的演出是剧场效果好的演出"。

　　其中,第一个判断是正确的,而第二个判断则错了。因为,凡剧场效果好,一定会表现为观众掌声如雷,但观众掌如雷,不一定就证明剧场效果好。

　　这两个判断都是全称肯定判断,我们来分析它们词项的周延情况。

　　在第一个判断中,主项为"剧场效果好的演出",谓项为"使观众掌声如雷的演出"。量项"所有"被省略,既然是指所有剧场效果好的演出,说明其主项的外延在判断中是被全部断定了的,因而,主项是周延的。而"使观众掌声如雷的演出",并没有说是所有"使观众掌声如雷的演出",因此,我们只能理解为至少是一部分"使观众掌声如雷的演出",即是说,其谓项的外延在判断中并没有被全部断定,因此,谓项是不周延的。

在第二个判断中,第一个判断的主项变成了谓项,而谓项变成了主项。这样一来,本来在第一个判断中没有被断定其全部外延的"使观众掌声如雷的演出",在第二个判断中,其外延就被全部断定了;即是说,在第二个判断中,断定了所有"使观众掌声如雷的演出"都包含在"剧场效果好的演出"之中。这显然是错误的。

根据上面的分析,我们可以看出,一个正确的全称肯定判断,如果颠倒了它们的主谓项,就会发生逻辑错误。其错误的原因,就在于将本来不周延的词项换为一个周延的词项了。

这位演员将一个正确的判断"剧场效果好的演出是使观众掌声如雷的演出"倒过来说成"使观众掌声如雷的演出是剧场效果好的演出",之所以可笑,其逻辑基础就在于此。

在笑话二中,那位小伙子所犯的逻辑错误跟这位演员所犯的错误性质一样。很明显,他从"林则徐曾经当过钦差大臣"这一正确的全称(单称)肯定判断出发,得出"当钦差大臣的就是林则徐"这一错误判断。从逻辑上讲,就是不懂得性质判断中词项的周延性的道理。

我们再来看笑话三中那位"某人"的逻辑错误又在何处? 通过分析,我们可以看出,这位"某人"是从"有的成才者是身残者"这一正确的特称肯定判断出发,得出了"所有身残者都是成才者"这一全称肯定判断。根据以上的说明,我们知道,在前一判断中的谓项"身残者"是不周延的,因为"是身残者",并没有断定是所有身残者,只能理解为"至少是一部分身残者"。作为前一判断谓项的不周延的"身残者"在后一判断中是全称判断的主项,而全称判断的主项显然是周延的。

"身残者"由不周延的谓项变成了周延的主项,这就是"某人"其所以可笑的逻辑原因。

这里,我们归结出一个一般性的原则即:当我们把一句话的主谓项颠倒过来说时,一定不能使本来不周延的词项变得周延。

以下,我们将 A、E、I、O 四种性质判断词项的周延情况归结如下:

A 判断:主项周延,谓项不周延。

E 判断:主项周延,谓项周延。

I 判断:主项不周延,谓项不周延。

O 判断:主项不周延,谓项周延。

请大家务必将四种性质判断各词项的周延情况牢牢记住。

二十五

"唐二审鸡蛋"·"警察与小偷"
——推理·换位法推理

有一则题为《唐二审鸡蛋》的笑话说:

唐家山屋后发现了一窝鸡蛋,唐三和唐四都争说是自家母鸡下的。两人争不清,只好请唐二来评理。

唐二问:"老三,你家母鸡是啥毛色?"

唐三答:"麻色的。"

唐二又问:"老四,你家鸡婆呢?"

唐四说:"我家鸡婆是黄色的。"

唐二又问:"那窝鸡蛋是麻色的还是黄色的。"

二人齐答:"白色的。"

唐二听了,把大腿一拍:"这就对了,这窝鸡蛋是我唐二的呀!"

二人不同意,向他要证明。唐二说:"你到我家去看,我家鸡生的蛋都是白色的。"

这里,唐二审鸡蛋的思维过程包含了又一种思维形式——推理。

什么叫推理呢?

推理是由一个或一些已知判断推出另一个新判断的思维形式。

以上唐二在证明"这窝鸡蛋"是唐二自己的时,就运用了推理这种思维形式。他由一个已知的判断"我家鸡生的蛋都是白色的",推出了另一个新判断"白色的蛋都是我家鸡生的蛋"。他这个推理是个换位法推理,这个推理对不对呢?如果不对,为什么不对呢?让我们先在下面向大家概括地介绍一下推理的一般知识后,再来回答这个问题。

任何推理都由前提和结论两个部分组成。作为推理根据的已知判断叫作前提。如上"我家鸡生的蛋都是白色的"就是前提,从已知判断推出的新判断叫作结论。如上"白色的蛋都是我家鸡生的蛋"就是结论。

要注意推理这种思维形式与概念和判断这两种思维形式的区别。

首先,从思维形式的本质特征来说,概念只反映某一事物的本质和范围,而判断则进一步对事物作出某些方面的断定。既可断定其本质、范围,又可断定事物其他多方面的情况;既可断定人们的理性认识,也可断定人们的感性认识等。推理则是一种更为复杂的思维形式,它从一个或几个已知的判断推出一个新的判断。它集中地体现了人们由已知推出新知识的思维过程。它是逻辑所要研究的核心部分,它以对概念和判断的研究作为基础,它非常鲜明地体现了逻辑科学的实用性,它强烈地表现出它作为各门科学基础这一学科特征。近代科学其所以能突飞猛进地发展的基础有二,一是系统的科学实验,二就是逻辑推理。可以说,任何科学发明发现都无不与逻辑推理紧密相连。你要探索宇宙奥秘吗,需要逻辑推理,你要通过出土文物这些已知的东西的已知情况来研究远古的未知事情吗,也需要进行逻辑推理,医生的诊断需要逻辑推理,搞公、检、法的同志当然也必须在工作中不断运用逻辑推理。难怪,列宁说,"任何科学都是应用逻辑。"难怪,恩格斯早就指出:"甚至形式逻辑也首先是探寻新结果的方法,由已知进到未知的方法"。

其次,从语言表达形式看,概念主要用语词表达,判断主要用语句表达,而推理则主要用复句或句群表达。但是,在特殊情况下,思维形式的语言表达形式是有其灵活性的。就拿推理的表达形式来说。一般说来,推理是用复句或句群表达的,并且,在表达推理的复句或句群中,常有"因为……所以","由于……因此"等联结词。但有时这些联结词不出现,而被省略了。不仅如此,甚至有时还会省略掉结论或者一部分前提。在日常语言中,其前提和结论顺序也不是固定的。有时先说前提,后说结论;有时又先说结论,后说前提。甚至有时明确显示某种推理的,只有一句话。这些,都需要我们从语义的联系上,去依据关于推理形式的知识,将自然语言(日常语言)中所包含的推理用逻辑语言即与逻辑形式(结构)一致的语言整理出来,以便用推理规则去检查其正确或错误。

我们以笑话、幽默为实例来讲述关于各种推理的知识,就要培养大家善于辨别隐藏在变化多端的自然语言中的种种推理的能力,培养大家运用灵活多样的语言形式去准确地表达各种推理的能力。

同时,我们以笑话、幽默为实例来讲述关于各种推理的知识,也同我们以笑话、幽默为实例来讲述其他逻辑知识一样,让大家对不同的笑话、幽默获得不同的美感。

以下,我们再介绍一下关于推理的逻辑性问题。

人人都会推理,但并不一定具有逻辑性。

请看一则美国笑话故事：

警 察 与 小 偷

有一次，镇上警察分局抓住一个小偷，要派人送他到市里去。这时正好来了一个新警察，他自告奋勇地接受了这份押送犯人的差使。

他押着小偷往火车站走去的时候，正好路过一个面包铺，小偷对警察说："咱俩一点吃的也没带，到市里路可远着呢。这样吧，我进去买点面包，咱俩在火车上就不愁吃的啦。你在外面等着我吧。"警察一听，满心喜欢：这倒不错，在火车上可以有东西吃了。于是就答应了。

小偷进了面包铺，警察在外面傻等。过了好久还不见小偷出来，警察等急了，就走进面包铺里去喊小偷；一看没人，问老板，说是早从后门走了。

警察忙追出来，可是哪还有小偷的影子？他只好无可奈何地回到分局报告此事。于是全镇的警察立即行动，来了一次大搜查，很快又把那个小偷捉住了。分局局长又把那个警察叫了来，对他说："这次再派你押送他，可别再让他跑啦！"

警察押着小偷向火车站走去，又来到了那个面包铺前。

"你在这儿等着，"小偷说，"我要进去买点面包。"

"啊，不！"警察说，"上次让你进去，你却溜掉了。这一次，我进去买面包，你在外面等着我好了。"

这位美国新警察再次押送小偷的过程中，作了如下推理：

如果让你进去，你就会溜掉；

不让你进去（我进去）；

所以，你就不会溜掉了。

这是一个充分条件假言推理的否定前件式。其推理形式是错误的，没有逻辑性。

所谓推理有逻辑性，就是指推理形式正确，即合乎推理规则。以上推理违反了充分条件假言推理的如下规则：否定前件不能否定后件。

但是，推理形式正确，即推理具有逻辑性，并不等于推理正确。

要使一个推理正确，除了要求推理形式正确，即具有逻辑性以外，还要求前提真实。如果推理的前提虚假，尽管其具有逻辑性也不是一个正确的推理。

这位美国新警察在首次押送小偷的过程中，作了如下推理：

> 每个从面包铺进去买面包的人，都一定会从进去的地方走出来；
>
> 小偷是从面包铺进去买面包的人；
>
> 所以，小偷一定会从进去的地方走出来。

这是一个具有逻辑性即推理形式正确的三段论推理，但其大前提显然是虚假的，故不是一个正确的推理。正是由于这位美国新警察实践了这一不正确的推理，结果让小偷从后门溜之大吉。

可见，使推理正确的条件有两个：一是形式正确，二是前提真实。形式正确只是使推理正确的一个必要条件即必不可少的条件，而不是充分条件，即足够的条件。但是，形式逻辑并不研究前提是否真实的问题，它是各门具体科学和人的实践所研究或考察的对象。形式逻辑只研究推理的逻辑性。但请注意，虽说形式逻辑不研究前提是否真实的问题，这并不等于说，在推理时，我们根本可以不涉及这个问题。事实上，人们的任何推理总是要在不同程度上涉及其前提是否真实的问题的。

正如概念和判断需要分成若干种类来加以研究一样,推理也需要分为一些种类。

我们这样来给推理分类:

首先,以推理进程的方向为标准将推理分为演绎推理,归纳推理和类比推理。演绎推理是由一般性前提推出个别性结论的推理,归纳推理是由个别性前提推出一般性结论的推理,类比推理是由个别性前提推出个别性结论的推理。

也可首先根据前提与结论的逻辑联系,将推理分为必然性推理与或然性推理。演绎推理和完全归纳推理是必然性推理,不完全归纳推理和类比推理是或然性推理。

然后,将演绎推理分为非模态推理和模态推理。又将非模态推理分为简单判断推理和复合判断推理,等等。

归纳推理和类比推理也可以再往下分为若干种类。

本书将着重讲述一些主要的和重要的推理形式。

换位法推理属于简单判断推理。简单判断推理又可分为性质判断推理和关系判断推理。换位法属于性质判断推理。性质判断推理又可分为性质判断直接推理和性质判断间接推理(三段论)。换位法属于性质判断直接推理。

性质判断直接推理简称直接推理。直接推理是由一个性质判断前提推出一个性质判断结论的推理。

直接推理主要有性质判断变形直接推理和对当关系推理。换位法属于性质判断变形直接推理。

性质判断变形直接推理是通过改变一个性质判断的形式而得到一个新的性质判断的直接推理。而改变性质判断形式的方法有三种,即换质法(变肯定为否定,变否定为肯定),换位法(交换主谓项的位置)和换质位法(既换质又换位)。

现在我们来谈换位法推理。

换位法即换位法推理是运用改变性质判断主项与谓项位置的方法而进行的推理。

我们先提出保证换位法推理形式正确的两条规则:

① 只换位而不换质,前提为肯定(或否定),结论也应为肯定(或否定)。

② 在前提中不周延的词项在结论中也不得周延。

根据规则,可知换位法有三个正确的推理形式:

1) SAP→PIS

2) SEP→PES

3) SIP→PIS

"→"表示由前者推出后者。

依据换位法的三个正确的推理形式;我们可以作出如下推理:

　1) 我家鸡生的蛋都是白色的;(SAP)

　　　所以,有的白色的蛋是我家鸡生的蛋。(PIS)

　2) 我家的母鸡都不是白色的;(SEP)

　　　所以,白色的母鸡都不是我家的母鸡。(PES)

　3) 我家有的鸡是黄色的;(SIP)

　　　所以,有的黄色的鸡是我家的鸡。(PIS)

现在,可以回答前面我们提出的那个问题了。

唐二那个换位法推理当然不对,他从"我家鸡生的蛋都是白色的"这个 A 判断出发,通过换位,仍然推出了一个新的 A 判断结论。这样,就违反了规则②,使得在前提中不周延的谓项 P 在结论中变得周延了。由此可知，A 判断只能换位为 I 判断，而不能换位为 A 判断。唐二的证明其所以无理，就是由于将 A 判断换位为 A 判断而导致了违反换位规则②的逻辑错误。

也许大家要提出一个问题，性质判断不是有四种吗？你这里讲换位法时，怎么只讲三种，而不讲特称否定判断 SOP 的换位情况呢？

我们说，SOP 不能换位。因为一换位就又要违反规则②。SOP 的主项 S 不周延，如果将 SOP 换位为 POS，其换位后的 S 就周延了。比如，将"有的鸡不是白色的鸡"换位后就得到一个新判断"有的白色的鸡不是鸡"。这不仅违反规则，在事实上也不能成立。

值得注意的是：有时候，将一个具体的 O 判断换位为 O 判断之后，在事实上是成立的。这种情况下，O 判断能换位吗？

我们的回答是否定的。

比如：将"有的青年不是公务员"换位为"有的公务员不是青年"后，从事实上讲是说得过去的。但是，事实了事实，逻辑了逻辑。逻辑推理（必然性推理）的要求是，只要前提真实，并且遵守推理规则，不管用什么有关具体事实的判断来套结论都是正确的。假若推理的逻辑形式一样，前提也都真实，可是推出的结论有时正确，有时错误，这算什么逻辑呢？这只能是一种逻辑谬误。

在换位法推理中，"周延性"概念得到了应用，这一概念与不少逻辑问题都有关系，是一个重要的逻辑概念。为了便于运用，请大家务必记住：

全称判断主项周延；

特称判断主项不周延；

肯定判断谓项不周延；

否定判断谓项周延。

二十六

"真话"·"孩子的礼物"

——对当关系推理

请大家联系前面讲过的对当关系的知识,欣赏以下的笑话和幽默:

真　话

妻:咱俩结婚已经五年啦,你一句真话都没有对我讲过。

夫:胡说,这次我向你提出离婚,就是真话。

打　赌

"某商店五号售货员真差劲,对谁都是横眉冷对。"

"我就不信。"

"不信你去试试!"

"不用试,我去她准笑脸相迎。"

"你得了吧,我敢和你打赌。"

"那你输定了"

"为什么?"

"她是我的女朋友!"

孩子的礼物

儿子:"爸爸,我送给你一个指南针。"

爸爸:"孩子,你留着玩吧,我用不着它。"

儿子:"你从酒吧间出来时,不是常常迷路吗?"

运用对当关系,由一个性质判断的真假值推出另一个性质判断的真假值的推理,叫做对当关系推理。(判断的真假值,就是一个判断或真或假的逻辑性质)对当关系中对于那四种关系(反对、下反对、从属、矛盾)的规定,也就是运用对当关系进行推理的规则。其中,除了"不定"(即可真可假)的规则外,其他规则都可据之进行推理。比如,我们可依据从属关系由 A 真推知 I 真,由 I 假,推知 A 假,可依据反对关系由 A 真,推知 E 假;依据下反对关系由 I 假推知 O 真,依据矛盾关系,由 A 真推知 O 假,由 I 假,推知 E 真,等等。总之,只要熟练掌握对当关系,就可以正确进行对当关系推理了。

现在,我们对以上三则幽默中所包含的对当关系推理给予分析:

在《真话》中,丈夫以对妻子的话进行否定作为前提,运用矛盾关系进行了对当关系推理,将其整理为典型的逻辑语言就是:

并非所有我对你讲的话都不是真话;

所以有的我对你讲的话是真话。

公式:$\overline{\text{SEP}} \to \text{SIP}$(SEP 假,所以 SIP 真)

从逻辑形式看,丈夫的结论是正确的。这则笑话以其正确的逻辑形式显示了幽默的力量。

在《打赌》中,也运用了一个正确的对当关系推理,对"五号售货员"的服务态度进行了讽刺:

并非所有顾客都会受到五号售货员的横眉冷对;

所以,有的顾客(她的男朋友)没有受到五号售货员的横眉冷对。

设 S:顾客;

设 P：会受到五号售货员的横眉冷对。

公式：$\overline{SAP} \to SOP$

这是一个形式正确的依据矛盾关系而进行的对当关系推理：SAP 假，则 SOP 真。

同样，在《孩子的礼物》中，也运用了一个对当关系推理对那位作为爸爸的酒鬼进行了讽刺幽默：

<u>　　　并非所有时候爸爸都不用指南针，　　　</u>

　　　所以，有时候（从酒吧间出来时）爸爸要用指南针。

这是一个运用 SEP 和 SIP 之间矛盾关系而进行的对当关系推理：SEP 假，则 SIP 真。公式为：$\overline{SEP} \to SIP$

以上三则幽默中所包含的对当关系推理都属矛盾关系推理，至于另外三种对当关系推理即反对关系推理、下反对关系推理和从属关系推理，其推理根据都是对当关系性质。总之，在四种对当关系中，除掉"不定"的情况，其余情况都可作为正确的推理形式加以运用。

二十七

"大宾应对"·"可怕的老虎"

——什么是三段论推理

大 宾 应 对

明朝的戴大宾从小就很聪明。十三岁那年,他在省城里考中了举人。

有一天,一位大官来进见他的父亲,发现大宾在庭院里玩,便出了个对子让他对。大官说:"月圆。"

大宾随口对答:"风扁。"

大官问他:"风怎么能是扁的呢?"

大宾回答说:"风能穿隙钻缝,不是扁的能行吗?"

大官拈着胡须点了点头,又出了个对子:"风鸣。"

大宾又随口对答:"牛舞。"

大官又问他:"牛怎么能起舞呢?"

大宾说:"古人说过:'百兽齐舞',牛难道不是百兽之一吗?"

大官翘起大拇指对他大加赞赏,说他前途不可限量。

亲爱的读者,大宾的应对一定已经逗得你笑出声来了吧!在笑声中,我们领略了一个十三岁小孩的机智。不过,从逻辑上分析起来,大宾的两次应对中,其中只有一次是合逻辑的。

我们把他两次应对时所包含的推理形式分别整理如下:

第一次应对中所包含的推理——

　　扁的东西能穿隙钻缝；

　　风能穿隙钻缝；

　　所以，风是扁的东西。

第二次应对时所包含的推理——

　　凡兽都可以起舞；

　　牛是兽；

　　所以牛可以起舞。

以上两个推理，都是借助于一个共同的项（词项）把两个性质判断联结起来，从而得出结论的演绎推理。这种推理就是性质判断的间接推理，即三段论。

其所以叫三段论，是因为这种推理由三个性质判断组成。其中，两个是前提，一个是结论。

三段论共有三个概念，每一个概念都在推理中出现两次。这些概念叫做项或词项。

在前提中出现两次，而结论中不出现的项叫中项，用 M 表示，如上推理中，"能穿隙钻缝"和"兽"分别是中项；结论中的主项叫小项，用 S 表示，如上推理中，"风"和"牛"分别是小项；结论中的谓项叫大项，用 P 表示，如上推理中的"扁的东西"和"可以起舞"分别是大项。

这样，我们就可以将以上两个推理的结构方式用公式分别表示如下：

第一次应对中所包含推理的公式：

　　所有的 P 是 M

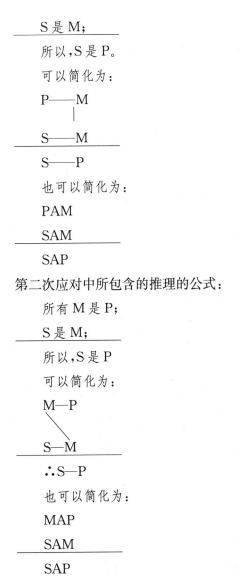

S 是 M；

所以，S 是 P。

可以简化为：

P———M
　　　|
S———M

S———P

也可以简化为：

PAM

SAM

SAP

第二次应对中所包含的推理的公式：

所有 M 是 P；

S 是 M；

所以，S 是 P

可以简化为：

M—P

S—M

∴S—P

也可以简化为：

MAP

SAM

SAP

从以上公式来看，都是大前提在前面，小前提在后面，但这不过是典型的三段论推理才是这样与公式直接对应的，在自然语言中,并非每一个具体的三段论都如此。那么,怎么判别一个具体的三段论中,哪个是小项,那个是大项,那个是中项,那是大前提,小前提,结论呢?我们告诉大家一个简单的办法。就是首先依据上下文关系找结论,一般说来,"因为"后面是前提,"所以"后面是结论。有时"因为……所以"的语言形式省略,但我们可从句子之间的意思体会得出来。找到结论后,就可知,结论中的主项是小项,谓项是大项。然后可知,包含大项的前提是大前提,包含小项的是小前提。如果已出现的语句中没有推论关系,就是结论被省略,需要我们依据前提找出结论。

请看幽默《白痴》:

> 肖伯纳常在他写的戏中揭露为富不仁的富翁的丑恶面目。一次,有个富翁想在大庭广众之中羞辱肖伯纳,他挥着手大声地说:"人们说,伟大的戏剧家都是白痴。"

> 肖伯纳笑了笑,随即回敬道:"先生,我看你就是最伟大的戏剧家。"

可以根据内容恢复以上幽默中所包含三段论推理的结论:"你是白痴。"然后可知,包含大项"白痴"的语句"伟大的戏剧家都是白痴"是大前提,包含小项"你"的语句"你就是最伟大的戏剧家"是小前提。于是,以上幽默中所包含三段论推理可整理表达如下:

> 伟大的戏剧家都是白痴;

> 你就是最伟大的戏剧家;
> _____

> 所以,你是白痴。

这里,肖伯纳借用那位富翁一个虚假的大前提构建了一个形式正确的三段论推理对富翁的羞辱进行了有力的回击。

前面,大宾的两次应对中所包含的两个推理,其中只有一个是

合逻辑的,另一个是不合逻辑的。我们在此补充两点:

第一,我们在这里所说的合逻辑是指推理形式正确,仅此而已。

第二,为什么第一个推理形式是错误的,我们以后再讲,这里,谈一谈为什么第二个推理的形式正确。

为什么第二个推理的形式是正确的呢?因为它是依据三段论公理而进行的推理。

所谓公理,就是不证自明的道理。大家在初中学几何时,就早已接触过一些公理了。三段论公理就是:肯定一类事物的全体就必然要肯定这类事物的部分,否定一类事物的全体,也必须要否定这类事物的部分。

以上大宾第二次应对的推理中,就是完全依据三段论公理的前半部分而进行推论的。大宾由肯定兽这一类事物的全体都具有"可以起舞"的属性,而推出肯定兽这一类事物的部分"牛"也具有"可以起舞"的属性,其结论就当然具有必然性了。

第二十五题中那位美国新警察在首次押送小偷的过程中所作的推理之所以形式正确,因为其所依据的也正是三段论公理的前半部分,即:肯定一类事物的全体就必然要肯定这类事物的部分。那位美国新警察从肯定每个从面包铺进去买面包的人都具有一定会从进去的地方走出来的性质,从而肯定小偷也具有这种性质,其推理形式当然是正确的,合逻辑的。之所以推理结论错误是因为大前提虚假。从虚假的大前提出发,怎么也推不出正确的结论。

再欣赏如下一则日本幽默故事:

可 怕 的 老 虎

京都某寺庙里,有个名叫一休的小和尚,人们传说他机智过人。后来,这话传到了大臣耳里。他听说一休本是名门后代,聪明绝顶,便说:"我想见他一面,把他召进府来!"

大臣派听差去接一休和那所庙里的和尚。听差走到寺庙里,恭敬地说:"大臣殿下说想见见二位,请随我去一趟。"

听差把和尚和一休带到大臣府邸,大臣一见一休,便说:"挺机灵的孩子,很可爱呀!"说完,请他喝茶吃点心。不过,他想试试一休究竟聪明到什么程度。

宽敞的屋子里,有一架大屏风,上面画着一只大老虎和一片竹林。雄壮的大虎昂首而立,两目眈眈,活像就会大吼一声跳将下来。

大臣对一休说:"这上面画的老虎,一到夜里,就挣脱画面跳下地,在四周转来转去,很是吓人。大家都惧怕它,夜间不敢出门。你能想法为我们捆住它,叫它下不了地吗?"

要捆住画上的老虎!大臣的左右,聚了很多家臣和侍女,想看看一休怎么办。

"这可不是好玩的!"一休很沉着,倒是一起来的和尚替他捏一把汗。

"好,我来捆。请借根绳索给我吧。"

一个听差拿来了一根显得很结实的绳子。

"真打算用绳子捆缚画上的老虎吗?……"大伙儿又紧张又兴奋,都等着看好戏。

一休把布手巾缠在头上,把一根细带从背上交叉系在身上。然后,他拿起绳索,一双赤脚"叭"一声跳到院前面。他一手握绳,两臂张开,两腿分开站成骑马状,大声喊道:

"喂,把它撵到这儿来!看我马上把它捆住!"

"嗯——?"大伙儿哼了一声。哪能把画上的老虎赶到院子里呢？观众无不佩服，齐声叫好，为他鼓掌。

大臣向一休赠送了很多礼物。

这里，一休之所以聪明的逻辑基础正在于：看似不合逻辑而事实上合乎逻辑。

同时承认"能够捆住画上的老虎"和"不能够捆住画上的老虎"这两个互相矛盾的判断为真，当然不合逻辑。但是，一休的言行之所以聪明，正在于他恰到好处地作出了一系列逻辑推理。在此，我们仅指出他作出了如下一个正确的三段论推理：

凡是画上的动物都不能挣脱画面跳下地；

这画上的老虎是画上的动物；

所以，这画上的老虎不能挣脱画面跳下地。

一休在此之后所作的其他推理还很多。我们将在本书续编中全面分析。

以上三段论推理之所以正确，因为它完全依据三段论公理的后半部分而进行的。一休由否定画上的动物这一类事物的全体具有能挣脱画面跳下地的属性，从而推出这类事物中的分子也就是画上的老虎也不具有能挣脱画面的属性。

当然，如果一休的推理到此为止，显然是谈不上聪明的。关键的分析还在续编中，此处列出该推论不过为了说明三段论公理的后半部分内容而已。

二十八

"不约而同"·"自作聪明"

——三段论规则(1)

请大家欣赏以下两则外国幽默：

不 约 而 同

有个教堂的牧师不得人心。一个礼拜天，他对教徒们宣布："上帝对我说，他在另一个教堂有工作要我去做，所以我马上得走。"一听这话，全体教徒不约而同地站了起来，并齐声唱道："上帝是我们的好朋友。"

自 作 聪 明

莉迪亚和内奥米在海德公园里玩了好长时间。

内奥米不安地问道："不知道现在是几点了？"

"噢，还早呢。现在肯定还没到四点钟。"

"你又没手表，怎么知道得这么准呢？"

"因为我妈妈对我讲过，叫我在四点钟必须回家。现在我还没回家呢？这不证明现在还没到四点钟？"

通过欣赏，你能找出这两则幽默中各自所包含的三段论推理吗？

在《不约而同》中包含了教徒们的如下推理：

能够赶走那个牧师的，就是我们的好朋友；

上帝能够赶走那个牧师；

所以，上帝是我们的好朋友。

在《自作聪明》中包含了莉迪亚的如下推理：

> 到四点钟，我必须回家；
>
> 现在我还没回家；
> _____
>
> 所以，现在不到四点钟。

以上两个推理，前者形式正确，后者形式错误。正确者，由于符合三段论公理。具体来看，它所包含的项，只有三个："能赶走那个牧师的"(M)，"我们的好朋友"(P)，"上帝"(S)。由于中项在此起到了联结小项和大项的"媒人"作用，就使得小项和大项在结论中能够发生必然联系，从而使推理形式正确。

后者其所以错误，具体看来，是由于它实际上包含了四个项，即："我必须回家"(M)，"到四点钟"(P)，"现在"(S)，"我回家"(M)。这里，由于中项M分别在大小前提中表达了两个不同的概念，就出现了四个项。这样，就使得大项和一个中项发生联系，小项同另一个中项发生联系。而大项和小项就没有共同与之发生联系的中项（即是说，在此推理中，实际上没有中项），因而，大小项的关系也就不可能通过中项而确定，从而得不出必然的结论。

从以上的分析可以看出，要使三段论正确，必须遵守这么一条规则："在一个三段论中，只能有三个项。"这就是三段七条规则中的第一条。我们称之为三段论规则(1)。违反这条规则所导致的三段论错误叫做"四项错误"。以上莉迪亚的推理错误就是"四项错误"。

"四项错误"往往表现为前提中重复出现的中项不同一，看去是同一个语词，而其所表达的是两个不同的概念。

例如：

讲 辩 证 法

甲：凡事都得讲辩证法，因为辩证法是马克思主义的灵魂。

乙：不见得吧！黑格尔不是辩证法大师吗？难道黑格尔的辩证法也是马克思主义的灵魂吗？

在以上幽默中，乙的话所包含如下三段论推理：

辩证法是马克思主义的灵魂；

黑格尔的辩证法是辩证法；

所以，黑格尔的辩证法是马克思主义的灵魂。

这里，大前提中的辩证法是指唯物辩证法，小前提中的辩证法是指唯心辩证法。同一语词所表达的不是同一概念，故为"四项错误"。

二十九

"婚期"·"熏蚊子"

——三段论规则(2)

在以下笑话或幽默所包含的推理中,除一个是形式正确的三段论外,其余推理都违反了"中项在前提中至少要周延一次"这条规则。我们把这条规则叫做三段论规则(2)。

婚　　期

哥哥:"小妹,你今后找朋友,要找对方父母双亡又没有姑娘的。"

妹妹:"为啥?"

哥哥:"有哪一家婆媳关系好的? 有哪一个姑娘不尖嘴的?"

妹妹:"哥哥,我知道了,你是要等爸爸妈妈死了,我出嫁了,你才结婚吧?"

熏　蚊　子

爸爸点燃了艾叶熏蚊子,呛得儿子咳嗽了一阵。儿子问爸爸这是干什么,爸爸笑着回答:"小傻瓜,这是熏蚊子呀!"儿子抬头看了看爸爸,"那您肚子里一定也有很多很多蚊子吧?"爸爸吓了一跳:"胡说什么,我肚子里哪来蚊子?""那么,您每天吸那么多烟,不是熏蚊子又是干什么呢?"

胆 小 的 人

弗兰克:"奶奶胆子小得要命!"

父亲："为什么你这样想？孩子！"

弗兰克："我们穿过马路时，她总是把我的手握得牢牢的。"

老 虎

"是呀，我过去常在非洲打老虎。"猎人说。

"胡说！"他的朋友大声叫道，"非洲没有老虎。"

"你说得对，我把老虎都打光了！"

卫 生 饭 店

一个顾客对饭店老板说："贵店的卫生工作搞得真不错！"

饭店老板听了十分高兴，他问道："谢谢你的称赞，你最满意的是什么？""贵店的每一件餐具都可以发现肥皂沫。"顾客回答说。

《婚期》中，妹妹对哥哥的观点是不同意的。但她并没有直接说不同意，而是以哥哥的观点为大前提作了一个形式正确的三段论推理，推出极端荒唐的结论。推理形式正确而其结论荒唐可笑，这正证明了某前提的虚假或不能成立。可以看出，这位妹妹是个聪明而善良的姑娘。她运用三段论所进行的反驳很有幽默感。像这样的反驳方式就是通常人们所说的归谬法。

现在，我们把她所作的三段论推理用典型的逻辑语言整理表达如下：

姑娘找朋友要找对方父母双亡又没有姑娘的，

哥哥的女朋友找哥哥是姑娘找朋友；

所以，哥哥的女朋友找哥哥要找对方父母双亡又没有姑娘的。

只要将这一结论判断联系具体实际，我们就不难看出，其中所包含的意思是哥哥也只有等到爸爸、妈妈死了，妹妹出嫁了，女朋友才会"找"到他名下,也只有到那时,他才能结婚。

这一推理尽管其大前提虚假,结论荒唐,但其推理形式是正确的,是遵守了三段论规则的。就以三段论规则(2)来说,在这个推理中,其中项"姑娘找朋友"在大前提中是全称判断的主项,因而,是周延的。故这一推理遵守了三段论规则(2),中项在前提中至少要周延一次。而在《熏蚊子》、《胆小的人》、《老虎》、《卫生饭店》中所包含的三段论推理,恰恰都违反了三段论规则(2)。

被熏蚊子的烟呛得咳嗽的儿子之所以得出"他爸爸肚子里有很多蚊子"这个天真可笑的结论,是因为他进行了下面的推理:

熏蚊子有烟,

爸爸每天吸烟有烟;

所以,爸爸每天吸烟是熏蚊子。

这个推理的中项是"有烟"。而中项在大、小前提中都是肯定判断的谓项,肯定判断谓项不周延。这就是说,中项在前提中一次也不周延。故违反三段论规则(2)。

那么,为什么必须要求中项在前提中至少要周延一次呢?

我们知道,中项的作用,就是"媒人"作用,它是大项和小项的"媒人",大项和小项通过它而互相发生必然的联系。如果中项一次都不周延,就会导致"中项的一部分和大项发生关系,另一部分和小项发生关系"的情况,这样,大项和小项之间就不可能通过中项的"媒人"作用而相互发生必然联系,从而就不能得出必然性的结论。

如果有一个中项是周延的,就意味着这个中项的全部都介入了大项和小项的相互联系之中,这样,就能够起到"媒人"作用,从而使大、小项之间发生必然性联系,也从而使三段论能够得出必然性的结论。

就拿关于熏蚊子的推理来说吧。中项"有烟"的一部分和大项"熏蚊子"发生关系,它包含在"熏蚊子"之中,而中项的另一部分和小项"爸爸每天吸烟"发生关系,它包含在"爸爸每天吸烟"之中,这样,我们就无法据此作出断定:"爸爸每天吸烟"和"熏蚊子"之间究竟有什么必然的联系?

弗兰克之所以作出"奶奶胆子小得要命"的结论,其推理过程是这样的:

> 胆小的人过马路时,总是把别人的手握得牢牢的;
>
> 奶奶过马路时,总是把别人的手握得牢牢的;
>
> 所以,奶奶是胆小的人。

在这一推理中,中项"过马路时,总是把别人的手握得牢牢的"在两个前提中都不周延,故违反三段论规则(2),犯了"中项不周延"的错误。

在《老虎》中,那位猎人的逻辑更是令人捧腹大笑,究其原因,其推理也是犯了"中项不周延"的错误:

> 老虎被打光了的地方就没有老虎;
>
> 非洲没有老虎;
>
> 所以,非洲是老虎被打光了的地方。

注意,这里,"没有老虎"是中项。大、小前提都是肯定判断、省略了联系词"是"。

在《卫生饭店中》,顾客故意用一个犯有"中项不周延"错误的三段论推理对这个"卫生饭店"的不卫生进行了讽刺:

> 卫生工作搞得好饭店都用了肥皂;
>
> 贵饭店用了肥皂;
>
> 所以,贵饭店是卫生工作搞得好的饭店。

说这个"贵饭店"是"卫生饭店"显然是反语,是讽刺。这种推论的荒唐可笑,随便举个例子都可以使人形象地意识到的:比如说:"人有两只脚,鸡有两只脚,所以,鸡就是人"。这不可笑么?而其推理形式的错误同如上四例是完全一样的。

中项不周延的错误常常令人捧腹大笑,但无论是政治生活或是日常生活中,这种错误也并非少见。以下,我们再看一个可以当作笑话的实例:

有位美国参议员对美国逻辑学家贝尔克里说,"所有共产党人都攻击我,你攻击我,所以,你是共产党人。"

贝尔克里立即回答说:"你这个推论实在妙极了,从逻辑上看来,它同下面的推论是一回事:

所有鹅都吃白菜;

参议员先生也吃白菜;

所以,参议员先生是鹅。"

在此,逻辑学家随手制造了一个犯有"中项不周延"错误的三段论来揭示了那位参议员推论中所犯"中项不周延"的错误。其讽刺辛辣,其幽默感盎然。这里,贝尔克里所用的揭露对方观点荒谬性的方法,也是归谬法。此案例我们将在五十五题中全面分析。

在二十七题里,大宾第一次应对中所包含的推理,其错误也在于它违反了"中项在前提中至少要周延一次"的三段论规则。

最后,请欣赏一则故意违反"中项在前提中至少要周延一次"规则的幽默实例:

发 高 烧

工人:"大夫,请给开个病假条,我肚子疼。"

大夫："你过来,让我瞧瞧。你不是肚子疼,是发高烧。"

工人："为什么?"

大夫："因为你在说胡话。"

显然,大夫用了以下故意违反"中项在前提中至少要周延一次"规则的三段论来揭穿那位工人无病装病以骗取假条的言行:

发高烧会说胡话;

你(现在)说胡话;

所以,你发高烧。

"复活"·"品评新老师"

——三段论规则(3)

三段论规则(3):前提中不周延的项,在结论中也不得周延。

请看如下幽默:

复　活

经理问他的年轻女秘书:"你相信一个人死后会复活吗?"

"当然相信。"

"嘿,这就对了。"经理笑着说,"昨天上午你请假去参加你外祖母的葬礼,中午时分,她却顺道来公司看望她的外孙女来了。"

这里,经理运用了一个形式正确的三段论推理,对年轻女秘书的说谎进行了富于幽默感的揭露:

人死后复活的事你是相信的;

昨天中午时分发生的那件事是人死后复活的事;

所以,昨天中午时分发生的那件事你是相信的。

所谓"昨天中午时分发生的那件事"也可以说成"你外祖母死后复活那件事"。当然,谁都知道,死后复活不可能。但经理却以开玩笑的办法,套出女秘书的一句话作为大前提进行三段论推理,从而在结论中显示出女秘书不愿承认又不得不承认的事,就是她请假时说了谎话。

这个推理是遵守了三段论规则(3)的。因为这个推理的大、小项中，只有大项"你是相信的"在前提中是不周延的(肯定判断谓项不周延)，而这个前提中不周延的大项在结论中仍然是肯定判断的谓项，故仍不周延。

以下幽默中所包含的三段论推理，就违反了三段论规则(3)：

品评新老师

教二年级算术的是位新老师。上了两天课后，一个学生问另一个：

"你觉得这个老师怎么样？"

"这个老师靠不住，"另一个回答说，"昨天他说三乘四等于十二，可今天又说二乘六等于十二。"

这"另一个"学生为什么认为新老师"靠不住"呢？

原来，这位小学生的头脑里进行了一番三段论推理，我们可以把他的推理整理为：

三乘四是等于十二的；

二乘六不是三乘四；
_____

所以，二乘六不是等于十二的。

（所以，既说"三乘四等于十二"，又说"二乘六也等于十二"的新老师是靠不住的。）

这个三段论推理的大项"等于十二的"在大前提中是肯定判断的谓项，不周延，可是，它在结论中成为否定判断的谓项，就变为周延的了。这样一来，就违反了"前提中不周延的项在结论中不得周延"的这条三段论规则。

在逻辑学中，我们把这种大项在前提中不周延而在结论中周延的违反三段论规则(3)的错误叫做"大项扩大"的错误。

可见,这位小学生对新老师的"靠不住"的评论之所以值得幽默,就在于他犯了"大项扩大"的逻辑错误。

再看下面一则外国笑话:

年龄不会被人偷去

一个游客在山里遇到一个正赶着一群羊的老牧羊人。

游客问:"您有多少只羊?"

牧羊人回答说:"一百六十七只。"

"您多大岁数了?"

"唔,请您等一下……大概……"

"这真稀奇,"游客说,"您记得羊的数目,却记不得您自己的年龄。"

牧羊人解释说:"您知道,羊的数目如果记不清,羊将被人偷掉,而年龄是不会被人偷掉的!"

牧羊人的解释颇具幽默感。

生发这种幽默感的逻辑基础在于他的那番解释包含了一个犯有"大项扩大"错误的三段论推理。我们可将这一推理整理表达如下:

> 可能被偷掉的东西必须记清其数目;
> 年龄不是可能被偷掉的东西;
> 所以,年龄不必记清其数目。

这里,大项"必须记清其数目"在大前提中是肯定判断谓项,不周延,而它在结论中是否定判断谓项,周延。这就是说,在此前提中不周延的大项在结论中非法周延了。所以,这一推理犯了"大项扩大"的错误。

如果三段论的小项在前提中不周延,而它在结论中却变得周

笑话、幽默与逻辑

延了,那么,其所犯的错误就叫"小项扩大"。

请看如下幽默:

吃鱼的好处

甲:"你知道吃鱼有什么好处吗?"

乙:"吃鱼可以预防近视。"

甲:"为什么?"

乙:"你见过猫有近视的吗?"

乙的"妙论"很有趣。他自己也绝不会相信其论点是真的,只不过说出来让大家开开心罢了,开心就是快乐,发出这样的"妙论"让人们在工作之余快乐一下,其好处是毋庸置疑的。不仅如此,这类笑话还可以达到使人"乐中增智"的目的。如果你能通过分析、整理,找出这一"妙论"所包含的逻辑错误,这不就同时使你在娱乐中增添了智慧吗?

我们可以将这"妙论"中包含的推理整理表达如下:

猫是没有近视的;

猫是吃鱼的;
_____

所以,吃鱼的是没有近视的。

这是一个三段论推理,可以看出,它违反了三段论规则(3),犯了"小项扩大"的错误。

在小前提中,小项"吃鱼的"是肯定判断的谓项,不周延,而在结论中,小项"吃鱼的"成了全称判断的主项,周延。这样,就扩大了小项的外延。

那么,为什么在前提中不周延的大小项,在结论中也不得周延呢?道理很简单,结论是由前提推出来的,因此,在结论中被断定的事物范围,在前提中必须事先断定。如果在前提中仅仅断定某事物的部分范围,而在结论中则断定其全部范围,即由只断定部分而过渡到断定其整体,这显然是不能得出必然性结论的。当然,如果在前提中我们断定了某物的整体,结论中只断定其部分,则是可以得出必然结论的。因此,"前提中不周延的项在结论中不得周延"并不包含"前提中周延的项在结论中必须周延"的意思。事实是,前提中周延的项在结论中可周延,也可不周延,前提中周延的项在结论中无论周延还是不周延,其结论皆必然。

三十一

关于三段论其他知识的简介

三段论共有七条规则,前面已通过对笑话、幽默实例的分析讲了前三条。这三条是最基本的、主要的,而后面四条规则可以根据前三条推导出来,因而相对说来,是派生的规则。考虑到我们应在这本小书中尽量使大家掌握到逻辑学的完整而系统的知识体系,因此,这里,将三段论的后四条规则以及有关三段论的其他一些知识作一个简单的介绍。

三段论的后四条规则是:

三段论规则(4):从两个否定的前提不能推出任何确定的结论。

三段论规则(5):如果前提中有一个是否定的,结论必否定。

三段论规则(6):从两个特称的前提不能推出结论。

三段论规则(7):如果前提中有一个是特称的,则结论必为特称。

只有遵守了三段论的七条规则中的每一条,一个三段论才是推理形式正确的三段论。只要违反了七条规则中的任何一条,那个三段论的形式就是错误的。再一次说明,这里所说的推理形式错误仅指推理形式错误而已,并不是说一个形式错误的三段论其前提或结论在事实上一定错误。恰恰相反,有的形式错误的三段论,其结论可以在事实上是正确,但这样的三段论,我们仍然说它是不合逻辑的。

下面,再介绍一下三段论的格和式的知识。

三段论的格

由中项在前提中的位置不同所决定的三段论的形式,叫三段论的格。

三段论共有四个格。各格的规则都可由三段论的一般规则(七条规则)推导出来。三段论各格的规则相对于三段论的一般规则说来,被人们称为三段论各格的特殊规则。

以下,我们分别谈谈三段论各格的内容、规则以及它们的实践意义。

第一格,中项是大前提的主项,小前提的谓项。

公式:

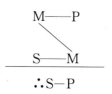

$$\therefore S-P$$

两个 M 之间的连接线表示 M 所起的联系大,小项的"媒人"作用。

实例:

    我想的东西是不值一块钱的;

    （ M ）（ P ）

    那位富翁是我想的东西;

    （ S ）（ M ）

    ∴那位富翁是不值一块钱的;

    （ S ）（ P ）

规则：

（1）大前提必全称；

（2）小前提必肯定。

现在，我们根据三段论的一般规则来证明第一格的这两条特殊规则。

首先，证明"大前提必全称"。

假定大前提为特称，则中项 M 在大前提中不周延，因为第一格中项为大前提主项。根据三段论规则（2），就要求它在小前提中周延。而中项在小前提中为谓项，这就等于要求小前提是否定判断，根据三段论规则（5），就要求结论也必须是否定判断。这就要求结论中的大项 P 周延，根据三段论规则（3），就要求 P 在大前提中周延，而 P 在大前提中是谓项，这就要求大前提也是否定判断，这样，就会导致两个前提都是否定判断的情况。而根据三段论规则（4），两前提为否定判断是得不出任何必然性结论的，由此可见，假定大前提为特称判断是行不通的。所以，大前提必全称。

我们再来证明"小前提必肯定"。

假定小前提否定，则根据三段论规则（5），结论必为否定，则结论的谓项——大项必周延，根据三段论规则（3），就要求大项在前提中周延。而大项在前提中是谓项，这就等于要求大前提必须是否定判断。这样，也就会导致两个前提都为否定判断。根据三段论规则（4），是不能得出必然结论的。故假定小前提为否定判断也是行不通的。因此，小前提必肯定。

由于第一格是三段论公理的典型表现形式，因此称为典型格。当我们用普遍原理解决具体问题时，常用第一格。同时，法庭在应用法律条款定罪量刑，作出判决时，也必须应用第一格。因此，第一格又叫审判格。

第二格:中项在大,小前提中都是谓项。

公式:

$$P-M$$
$$|$$
$$\underline{S-M}$$
$$\therefore S-P$$

实例:

谦虚的人是虚心听取群众意见的人;

咱们厂长不是虚心听取群众意见的人;

所以,咱们厂长不是谦虚的人。

规则:

(1) 前提必有一个是否定的;

(2) 大前提必全称。

大家可以试着按上面我们所述的方法,根据三段论一般规则去证明第二格的两条规则。

由于第二格的结论是否定的,所以,它的实践意义在于常用来区别不同的事物。中项就是区别的标准。例如以上实例,就以"虚心听取群众意见的人"为标准,把不属于"谦虚的人"的"咱们厂长"区别出来了。由于第二格具有区别作用,故又叫区别格。

第三格:中项在大、小前提中都是主项,

公式:

$$M-P$$
$$|$$
$$\underline{M-S}$$
$$\therefore S-P$$

实例：

    猫是没有近视的；

    猫是吃鱼的；

    所以，有的吃鱼的（动物）是没有近视的。

规则：

（1）小前提必肯定；

（2）结论必特称。

大家也可以试着用三段论一般规则去对第三格的这两条特殊规则加以证明。

由于第三格的结论为特称判断，故常用来反驳某一全称判断，因此，第三格被称为反驳格。

由于人们在运用第三格来反驳一个全称判断时，常以某事例为特例（中项就是所举特例）。因此。第三格又叫例证格。

第四格，中项在大前提中是谓项，在小前提中是主项。

公式：

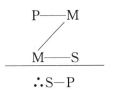

$$P\text{——}M$$
$$M\text{——}S$$
$$\therefore S\text{—}P$$

由于第四格不常用，其实践意义也不大，因此，其规则和实践意义我们就不在此讨论，实例也不举了。

三段论的式

由于组成三段论的三个性质判断的质（肯定或否定）和量（全称或特称）的不同而形成的各种不同形式的三段论，叫做三段论的式。

如：

　　凡是蠢货到来我都让路；

　　某某批评家到来是蠢货到来；

　　∴某某批评家到来我让路。

这是由三个 A 判断组成的三段论，是 AAA 式。

三段论由三个判断组成；而其中的每一个判断都可能是 A、E、I、P 四种判断，因此，按前提和结论的质、量不同排列，可有 $4×4×4＝64$ 个式。但这些式，多数是无效式。比如 EEE 式，因违反三段论规则（4）而无效，III 式，因违反三段论规则（6）而无效，等等。根据三段论规则，将无效式去掉后，就只剩下 11 个正确式。

把这些正确式，分配到四个格中去，就形成了各格的正确式（共 24 个）。现列表于下：

第一格	第二格	第三格	第四格
AAA	AEE	AAI	AAI
AII	EAE	AII	AEE
EAE	EIO	EAO	EAO
EIO	AOO	EIO	EIO
【AAI】	【AEO】	IAI	IAI
【EAO】	【EAO】	OAO	【AEO】

以上表中带有括弧的几个式，叫弱式，就是本来可以推出一个全称判断结论，却故意只推出一个特称判断结论的式。弱式是本为全称，故为特称的派生式。

各格的正确式都是可以根据三段论规则和各格的规则推出来的。

下面,我们说明第一格正确式的推导过程:

根据第一格规则(1),大前提必全称,可知,大前提可能是 A 或 E;根据该格规则(2),小前提必肯定,可知小前提可能是 A 或 I。于是,大小前提可有四种组合形式:AA、AI、EA、EI。

由 AA 可推出 A,当然也可推出 I,故 AAA 式和(AAI)式成立。

由 AI 可推出 I,故 AII 式成立。

由 EA 可推出 E,当然也可推出 O,故 EAE 和(EAO)式成立。

由 AI 可推出 O,故 EIO 式成立。

可见,第一格的全部正确式如下:

AAA、(AAI)、AII、EAE、(EAO)、EIO。

大家可以照此办法试着推出二、三格的正确式来。

《唐二审鸡蛋》的再分析

如果你是一位细心的读者，也许会对我们在二十五题中有关《唐二审鸡蛋》的逻辑分析提出质疑。我们在那里说：唐二错误地运用了换位法推理。

有的读者会说，唐二为了证明那窝鸡蛋是他的，他运用了如下三段论推理：

我家鸡蛋是白色的；

那窝鸡蛋是白色的；

所以，那窝鸡蛋是我家鸡蛋。

这是一个形式错误的三段论，它违反了三段论规则(2)，犯了"中项不周延"的错误。

从格和式的角度看，它属于三段论第二格的 AAA 式。它违反了"前提必有一个是否定的"这条格的规则。

还有的读者会说，唐二为了证明那窝鸡蛋是他的，他所运用的是如下三段论推理：

凡白色的鸡蛋都是我家的鸡蛋；

那窝鸡蛋是白色的鸡蛋；

所以，那窝鸡蛋是我家的鸡蛋。

这是一个形式正确的三段论推理，但是，因其前提虚假而导致结论不能成立。

那么,我们怎样看待上述可能发生的质疑呢?

第一,在一个思维过程中,其所包含的推理当然可以不止一个。为了叙述的方便,我们在二十五题中只分析了唐二所作的那个换位法推理。而实际上,唐二为了证明那窝鸡蛋是他的,他确实进行了一个犯有"中项不周延"错误的三段论推理。至于说到还作了一个形式正确而大前提虚假的三段论推理,也是事实。不过,我们还得补充说明,他这个虚假的大前提正是他所作换位法推理的结论。即是说,唐二以他所作换位法推理的结论"白色的鸡蛋都是我家的鸡蛋"为大前提又进行了一次推理——一次大前提虚假的三段论推理。

可以看出,唐二的上述三个推理不是形式错误就是前提虚假,因此,其结论都是站不住脚的,这就是《唐二审鸡蛋》这则笑话其所以引人发笑的逻辑基础。

第二,自然语言是十分复杂的,它反映人们的推理形式时往往多有省略,这就要求我们联系语境对其所包含的推理形式作多方面的分析,分析得愈广泛、愈深入就愈有助于提高我们的思维能力,有助于增强我们运用逻辑的能力。比如,我们对《唐二审鸡蛋》这则笑话,若能同时分析出唐二所作的上述三个推理,并能找出它们之中的联系,那么,当然就比只能找出其中的一个推理要强些。

让我们再举一个例子说明。

好几本逻辑书都对下面一则可以当作笑话看待的伊索寓言作了逻辑分析:

狗 与 海 螺

有只狗很喜欢吃鸡蛋,有一次看见一只海螺,张口就吞了下去,不久,感到肚子沉重极了。于是哀叹道:"我真是活该,相信一切圆的都是鸡蛋。"

根据特定的需要,许多逻辑书对这则寓言的分析都毫无例外地认为那只狗之所以好笑、之所以吃苦头,是因为它作了一个错误的换位法推理,将 A 判断换位为 A 判断,从而违反了"前提中不周延的概念在结论中不得周延"这条规则。

这样的分析无疑是正确的。但是,为了训练我们的思维能力,增强我们运用逻辑的能力,我们在学习逻辑时,完全可以从中再分析出那只狗所作的如下两个推理:

其一,

    鸡蛋是圆的;

<u>   海螺是圆的;   </u>

    所以,海螺是鸡蛋。

其二,

    凡圆的是鸡蛋;

<u>   海螺是圆的;   </u>

    所以,海螺是鸡蛋。

以上两个三段论推理,其一犯了"中项不周延的错误",其二大前提虚假,故其结论都不能成立。

以上我们所作的两点回答,第一点是说,虽说在一个思维过程中可以包含不止一个推理,但为了叙述的方便,逻辑书往往只分析其中一个推理;第二点则是说,虽说逻辑书上对一个思维过程的逻辑分析,往往只分析其所包含的一个推理,但为了训练我们的思维能力,增强我们运用逻辑的能力,我们完全可以透过复杂多端的语言现象,尽量多地分析出其中所包含的各种推理。

当然，对于同一段文字，从不同角度分析，其所包含的推理形式，也可以不一样。只要我们的分析站得住脚，就是对的。这涉及自然语言逻辑中一系列值得探讨的问题，对此，我们亦将在本书续编中给予力所能及的解析。

"他是位将军"·"出气"

——关系判断与关系推理

他 是 位 将 军

　　一位刚刚得到上校军衔的军官来到兵营,竭力向士兵炫耀自己。他对一个腼腆的小伙子说,"啊,年轻人,不用怕,你可以和我握握手,然后写信告诉你父亲,说你幸运地和上校握过手了。他会为儿子有这种崇高的荣誉而骄傲的。"

　　上校见小伙子默不作声,又问:"喂! 你父亲是干什么的?"

　　"报告,他是位将军!"

这则幽默的最后一句话"他是位将军"虽然只是个性质判断,但由于这个性质判断的出现,却会使那位刚刚得到上校军衔的军官在头脑里形成一个新的不是性质判断的简单判断:"小伙子的父亲的官比我的官大。"这个简单判断其所以仍然是简单判断,是因为它同性质判断一样,本身不再包含其他判断,而这个简单判断其所以不是性质判断,是因为它的特征与性质判断有着显著的区别。性质判断所断定的对象只有一个。如果将判断所断定的对象(事物)理解为主项,那么,我们说,性质判断只有一个主项。而这个简单判断所断定的对象有两个,即"小伙子的父亲的官"和"我的官"。即是说,这个简单判断有两个主项。而且,性质判断所断定的是对象具有或不具有某种性质,而这个简单判断所断定的则是"小伙子

153

的父亲的官"这一对象与"我的官"这一对象之间所具有的"比……大"的关系。

断定事物与事物之间关系的判断叫做关系判断。

关系判断由关系、关系项、量项三个部分组成。

① 关系项。表示关系判断所断定的对象。以上关系判断中"小伙子的父亲的官"与"我的官"是关系项。在每一个关系判断中,关系项至少有两个,可以更多。

② 关系。表示关系项之间所存在的某种关系。以上关系判断中,存在着"比……大"的关系。

③ 量项。表示各关系项的数量。以上关系判断中,各关系项的数量都只有一个,是单称的。

用 a、b、c 表示关系项,R 表示关系。我们可将具有两项关系的关系判断用公式表达如下:aRb

逻辑学在研究关系判断时,并不研究具有千差万别具体内容的关系,而只研究一些简单的逻辑关系形式。

这些逻辑关系形式主要有两类:

(一)对称关系、反对称关系和非对称关系。

对称关系——在对象 a 与 b 之间,如果 a 对 b 有 R 关系,而 b 对 a 也有 R 关系,那么,a 与 b 之间是对称关系。

公式:aRb 成立,则 bRa 成立。

反对称关系——在对象 a 与 b 之间,如果 a 对 b 有 R 关系,而 b 对 a 必无 R 关系,那么,a 与 b 之间是反对称关系。

公式:aRb 成立,则 bRa 必不成立。

以上关系判断所表达的就是"小伙的父亲的官"与"我的官"之间所具有的一种反对称关系"比……大"。

很明显,"小伙子的父亲的官"比"我的官"大,能够成立,则"我的官"比"小伙子的父亲的官"大就必不成立。

那位刚刚得到上校军衔的军官,在他竭力向士兵炫耀自己的时候,显然是没有意识到这种关系。

非对称关系——在对象 a 与 b 之间,如果 a 对 b 有 R 关系,而 b 对 a 可有、也可无 R 关系,那么 a 与 b 之间就有非对称关系。

公式:aRb 成立,则 bRa 可成立也可不成立。

(二)传递关系、反传递关系和非传递关系。

传递关系——如果对象 a 与 b 有 R 关系,而对象 b 与 c 也有 R 关系,则对象 a 与 c 也必有 R 关系。

公式:aRb,并且 bRc 成立,则 aRc 成立。

在以上幽默中,我们可以从中找出这样的传递关系:

从官衔上看,小伙子的父亲比那位新任上校大,而那位新任上校比小伙子大。所以小伙子的父亲比小伙子大。

可见,"比……大"是一种传递关系。

反传递关系——如果对象 a 与 b 有 R 关系,而对象 b 与 c 也有 R 关系,则对象 a 与 c 必无 R 关系。

公式:aRb,并且 bRc 成立,则 aRc 必不成立。

请看幽默:

出　气

从前有个人,常常虐待他的父亲,而他的父亲却是抱着孙子不撒手,非常疼爱。

邻居对他的父亲说:"你的儿子那么不孝顺,你却疼爱他的儿子,这是为什么?"老头儿回答说:"不为别的,我要把孙子疼大,替我出气。"

从这则幽默中,我们可以作出如下断定:

甲是乙的父亲,乙是丙的父亲。甲不可能是丙的父亲。

可见,"是父亲"是一种反传递关系。

显然,这位疼爱孙子的人误将"是父亲"这种反传递关系当作传递关系了。他以为儿子的不孝一定会传递给孙子。

不过,以上逻辑分析具有朦胧性。因为,严格说来,这位疼爱孙子的人是把"不孝"这种非传递关系当作传递关系了。但如果这样分析,也并非完全符合逻辑形式。因此,我们应该承认形式逻辑的朦胧性。这涉及逻辑分析的理论性问题,我们亦在本书续编中探讨这一问题。

非传递关系——如果 a 与 b 有 R 关系,而 b 与 c 也有 R 关系,则 a 与 c 可能有 R 关系,也可能无 R 关系。正如上面所说,"不孝"就是一种非传递关系。

我们弄懂了各种关系判断的上述逻辑性质,就可以利用其逻辑性质来进行推理。

关系推理就是依据对象间关系的逻辑性质所进行的推理。

具体说来,我们可以根据对象间具有的对称性和反对称性关系进行推理,这两种关系推理叫做直接关系推理。其所以叫直接关系推理,是因为这两种推理都以一个关系判断为前提,直接推出另一个作为结论的关系判断。

从《他是位将军》这则幽默中,我们可以作出如下反对称性关系推理:

从军衔方面看,"小伙子父亲的官"比"那位上校的官"大,所以,"那位上校的官"就不比"小伙子父亲的官"大。

这个反对称关系推理可用公式表示为:

$$\frac{aRb}{\therefore b\overline{R}a}$$

至于另一种直接关系推理即对称性关系推理,是根据对称性关系所作的推理,其公式为:

$$\frac{aRb}{\therefore bRa}$$

我们还可以根据传递性关系和反传递性关系来进行推理,这两种关系推理分别叫传递性关系推理和反传递性关系推理。它们都是从两个关系判断(前提)推出一个关系判断结论的推理,所以,我们称它们为间接关系推理。

传递性关系推理如:

将军比上校大;

上校比士兵大;

所以,将军比士兵大。

传递性关系推理是根据传递性关系来进行的推理,公式为:

$$aRb$$
$$\frac{bRc}{\therefore aRc}$$

反传递性关系推理如:

甲是乙的父亲;

乙是丙的父亲;

∴甲不是丙的父亲。

反传递性关系推理是根据反传递性关系所进行的推理,公式为:

$$aRb$$
$$\frac{bRc}{\therefore a\overline{R}c}$$

三十四

"错诊"·"不合算"

——联言判断与联言推理

错 诊

医生问他的女儿："你没有告诉约翰说,我认为他不是个有出息的小伙子?"

女儿："告诉了,可是他一点也不气恼。他说,这不是你第一次作出错误的诊断了。"

在这则幽默中,女儿的话包含了如下判断:

我把你的话告诉了约翰,并且他一点也不气恼。

这个判断同以往所讲的性质判断和关系判断不同,性质判断和关系判断都是简单判断,它们本身都不包含其他判断。而这个判断本身包含了其他判断,它由两个简单判断通过"并且"联结而成。像这种本身包含其他判断的判断叫复合判断。

我们把构成复合判断的简单判断叫做复合判断的肢判断。把联结肢判断的概念叫联结词。所有复合判断都由肢判断和联结词组成。联结词是决定复合判断的逻辑性质的成分。依据联结词的不同,可以将复合判断分为联言判断、选言判断、假言判断、负判断几种形式。

以上那个复合判断是一个联言判断。

联言判断是断定几种事物情况同时存在的判断。

联言判断由联言肢即联言判断所包含的肢判断和联言联结词

两个部分组成。

用 p、q、r 等分别表示联言肢,"并且"表示联结词,可写出联言判断的公式:p 并且 q 并且 r……

联结词也可用符号∧(读作'合取')表示。故联言判断公式也可表示为:p∧q∧r……

在日常语言中,联言联结词可用多种语词表达。如"而且"、"可是"、"不仅……也……"等。甚至有时联结词的语言表达形式也可以省略。但请注意,我们所说的语言表达形式的省略决不等于是联结词本身的省略。联言联结词决定了它所联结的整个联言判断的逻辑性质,当然是省略不得的!

由于联言判断断定了几种事物情况的同时存在,因而它具有如下逻辑性质:如果所有联言肢真,则该联言判断为真,只要有一个联言肢假,则整个联言判断为假。

这就告诉我们,联言判断肢判断的真假情况,可以决定整个联言判断的真假情况。即是说,联言肢的真假值,可以决定联言判断的真假值。

就拿以上那个联言判断来说,只有在其所包含的两个联言肢同时为真时,那个联言判断才是真的,其余情况下都是假的。

我们可以制定出联言判断的真值表来表示联言判断的真假值与联言肢的真假值的关系:(以具有两个联言肢的联言判断为例):

p	q	p∧q
真	真	真
真	假	假
假	真	假
假	假	假

从上表可以看出,两个联言肢的真假组合情况只有四种,而在这四种真假组合情况下,只有第一种,即两联言肢同时为真的情况下,整个联言判断才是真的,在其余三种情况下,联言判断都是假的。

请看以下幽默:

我自己走着去

一位旅客带了很多行李,他叫了一辆出租汽车,问司机:"到火车站要多少钱?"

"七法郎,先生。"

"好,我带的行李怎么算钱?"

"这是免费的,先生。"

"那好,请您把我的行李拉到火车站,我自己走着去吧。"

这里,司机的话可以归结为一个联言判断:

旅客到火车站要给七法郎,并且行李是免费的。

根据真值表,只有在"旅客到火车站要给七法郎"和"行李是免费的"这两个联言肢同时为真时,整个联言判断才是真的。当其中任何一肢是假的时,整个联言判断皆假。

而那位旅客只满足"行李是免费的"为真这一条件。则异想不给七法郎靠自己走到火车站。我们把他这一异想代入真值表一检验,就会发现,由于有一联言肢假,导致了整个联言判断为假。这就是他那"异想"之所以可笑的逻辑根源。

以下幽默主人公所犯的逻辑错误与此全同:

以后再来工作

人们建议一位加布罗沃人参加医务工作。这时他问:"能挣多少钱?"

"刚开始七十列弗,以后可以拿到一百列弗。"

"那好,我一定等以后再来工作。"

再看一则外国笑话:

不 合 算

一位旅行家在挪威逗留了两个星期,把钱都花光了,仅剩下了买船票的钱。他想,也不过是两天的旅行,我可以不吃东西回英格兰。于是他买了票上船。他堵起耳朵不听船上开饭的钟声,晚饭也没有到餐厅里去,第二天早晨他装睡着了也没去吃早饭,到了中午他仍然躲在房间里。但是晚饭的时候他饿得实在受不住了。

他来到餐厅,吞下了餐桌上所有的东西,然后向侍者要账单。

侍者:"什么账单? 先生!"

旅行家:"吃饭账单呀。"

"根本没有什么账单呀,"侍者说,"船票已经包括了在船上就餐用的费用了!"

这位旅客白饿了几顿,实属"不合算"。从逻辑上讲,他没有注意到他在买船票时,船票的卖方下了一个联言判断:船钱和船上的饭钱都包括在船票钱里。

这个联言判断有两个联言肢,即"船钱包括在船票钱里"和"船上的饭钱包括在船票钱里",而且,这两个肢都是真的,所以整个联言判断是真的。而旅行家对此毫无理解,这也就是他闹笑话的逻辑根源。

根据联言判断的逻辑性质,我们就可以进行联言推理。联言推理其前提或结论为联言判断。

联言推理有两种形式：

（一）合成式——由所有联言肢真，推知整个联言判断真。结论为联言判断。

公式：

$$\frac{\begin{array}{l} p \\ q \end{array}}{\therefore p \wedge q}$$

例如：

> 船钱包括在船票钱里；
>
> <u>船上的饭钱包括在船票钱里；</u>
>
> 船钱和船上的饭钱都包括在船票钱里。

（二）分解式——由整个联言判断真，推知任一联言肢真。前提为联言判断。

公式：

$$\frac{p \wedge q}{\therefore p（或\ q）}$$

例如：

> <u>船钱和船上的饭钱都包括在船票钱里。</u>
>
> 所以，船上的饭钱包括在船票钱里。

联言推理看起来非常简单，但真能恰到好处地运用于实际，仍然是有助于提高我们的认识能力和表达能力的。那位旅行家如果思维再灵活一点。把注意力引到对联言判断和联言推理的思考和应用上，或许他会在头脑中作出一个类似的联言判断来，并进行一番联言推理，那么，就有可能不受饿肚子之苦了。当然，判断和推理都属思维性的东西，最后需由实践检验其是否为真理、是否正确。

再如,不少文章,在其表达上运用了联言推理的合成式。文章各段的中心意思分别为一个联言肢,结论是一个由各肢判断组成的联言判断。

一般说来,联言推理的分解式,由前提的肯定总休,到结论的重点突出,而联言推理的合成式则使我们的认识由部分而过渡到整体。无论是分解式或是合成式,其认识和表达作用都是很明显的。

三十五

"借电唱机"·"小猫"

——选言判断

有一则题为《借电唱机》的笑话说：

有人向他的邻居提出："请您把电唱机借给我用一个晚上好吗？"

邻居回答说："完全可以。您想欣赏音乐吗？"

"不！"他说，"今天晚上我想要安安静静地睡一夜！"

透过这则笑话的字里行间，读者当然可以发现，借电唱机者的举动中隐含着一个不便明言的判断：邻居放电唱机吵闹了他。而那位邻居则仅仅把他借电唱机的目的理解为想欣赏音乐。假若这位邻居能够作出这么一个判断，即："他来借电唱机或者是想欣赏音乐，或者是由于我吵闹了他而故意将电唱机借走"，那么他就会对真情的了解进一步了。

"他来借电唱机或者是想欣赏音乐，或者是由于我吵闹了他而故意将电唱机借走"这一判断断定了两种事物情况至少有一种存在。我们把这种断定事物若干可能情况中至少有一种存在的复合判断叫做选言判断。

选言判断由选言联结词结合几个选言肢组成。

为了把握选言判断的逻辑性质，必须首先弄清一个选言判断的各个肢之间是否可以并存的问题。

所谓各个选言肢可以并存,就是说,各个选言肢是相容的,可以同真的;所谓各个选言肢不可并存,就是说,各个选言肢之间是不相容的,不能同真的。

选言判断的选言肢是否相容,决定了选言判断所属的种类及其逻辑性质。

如上那个选言判断所断定的情况是,两个选言肢是可以相容的,即是说,别人借电唱机既可以是因为想欣赏音乐,也可以是由于晚上想安静睡觉而故意将电唱机借走。但在这两种情况中,至少有一种情况是存在的。

像这种断定选言肢中至少有一肢真,可以同真的选言判断叫做相容选言判断。其公式为:p 或者 q。

其中,p 和 q 是选言肢,"或者"是相容选言联结词。也可用符号 ∨(读作析取)表示相容联结词。这样,相容选言判断的公式也可表示为:p∨q。

相容选言判断的逻辑性质是:在 p 和 q 都同时为假时,p∨q是假的,而在其余三种情况下,p∨q 都是真的,其真值表如下:

p	q	p∨q
真	真	真
真	假	真
假	真	真
假	假	假

请看一则日本笑话:

名字和绰号

很早以前,一个村庄里有个傲慢的地主。他有一长串好听的名字。他很喜欢这些名字,可是,村里人偏偏不用这些名字称呼他,而是尽给他起绰号。

他花园里种了一丛楸树,人们就给他起了个绰号,叫做"楸树地主"。

他知道了这个绰号,认为是对他的嘲弄,便把楸树丛全部砍掉,以为这样一来就不会再有这样一个讨厌的绰号了。

可是楸树丛砍掉了,还有树桩呢!人们又开始称他为"树桩地主"。

这个绰号也传到他耳朵里。他火冒三丈,吩咐立刻把树桩连根刨掉。可是,树桩没有了,地上还留有一个大坑呢!

于是,人们又叫他"树坑地主"。

这个傲慢的地主虽然给自己起了一长串好听的名字,但是,人们却一直在叫他的绰号。

让我们来对这则笑话进行一次较为全面的逻辑分析。傲慢地主家种的"楸树"作为村里人的思考对象,反映到村里人头脑中来,形成概念后,村里人再将其同"地主"这个概念结合起来,于是形成了"楸树地主"这一概念。村里人再运用"傲慢地主"和"楸树地主"这两个概念,结合联结词"是"就形成了"傲慢地主是楸树地主"这一性质判断。

傲慢地主以为只要把楸树丛全部砍掉,村里人就不会以楸树作为反映对象了,从而无法叫他"楸树地主"的绰号了。可是砍掉楸树,留下树桩。村里人头脑中又形成"树桩地主"这一概念,从而又使他们形成了一个新的性质判断:"傲慢地主是树桩地主。"

当傲慢地主吩咐人将树桩连根刨掉后,留下树坑,于是村里人头脑里又形成"树坑地主"的概念,从而又形成了一个新的性质判断:"傲慢地主是树坑地主。"

如果我们把这三个性质判断结合起来成为一个新的复合判断,那么它们之间是一种什么样的关系呢? 该用什么联结词连接它们才恰当呢?

可以看出,这三个判断中只要有一个判断所反映的事物情况存在,整个复合判断就是真的。同时,这三个判断所反映的事物情况都同时存在,整个复合判断也是真的,只有在三个判断所反映的事物情况都不存在时,整个复合判断才是假的。

显然,如果将这三个判断当作肢判断,肢判断与整个复合判断之间的关系就是相容的析取关系,其肢判断的真假值同整个复合判断的真假值完全符合相容选言判断的真值表。因此,我们可以在肢判断间加上相容选言联结词,从而形成如下相容选言判断:

> 傲慢地主或者是楸树地主,或者是树桩地主,或者是树坑地主。

这个相容选言判断也可以表达为:

> 村里人称呼傲慢地主或者叫他楸树地主,或者叫他树桩地主,或者叫他树坑地主。

从逻辑上讲,那位傲慢地主行为的可笑就在于他不懂得性质判断结合相容选言联结词就可以形成相容选言判断。当然,他就更不懂得相容选言判断的逻辑性质了。

下面,我们来谈不相容选言判断。

不相容选言判断是断定有一个并且只有一个选言肢为真的选言判断。

请看如下幽默:

小　猫

爱丽丝："我上次在这儿的时候,曾看见一只小猫,它现在怎么样啦!"

玛丽："难道你不知道吗? 爱丽丝阿姨。"

"小猫死了吗?"

"不,没有。"

"小猫跑了吗?"

"哦! 没有,爱丽丝阿姨。"

"那么你把小猫给了你的朋友?"

"不,没有。"

"行啦,我一点也不明白,玛丽,到底怎么啦?"

"小猫已经长成大猫了,爱丽丝阿姨。"

这里,爱丽丝和玛丽的一系列对话中就包含着一个不相容选言判断:

那只小猫或者死了,或者跑了,或者送给朋友了,或者在家里,已经长成大猫了。

不相容选言判断由若干选言肢和不相容选言联结词组成。例如,以上不相容选言判断是由四个选言肢和不相容选言联结词"或者"组成的。

这里提出了这么一个问题,为什么同样是"或者",它在前面相容选言判断中是相容选言联结词,而在这个不相容选言判断中,就成了不相容选言联结词了呢?

我们说,"或者"只是一种语词形式,语词形式是表达逻辑形式的。同一语词形式在不同情况下是可以表达不同逻辑形式的。

"或者"在相容选言判断中表达的是相容选言判断的逻辑性

质,而在不相容选言判断中,只能表达不相容选言判断的逻辑性质。

不过,从另一方面讲,这里也可以看出,用自然语言表达联结词往往是有一定歧义的。所以,现在的普通逻辑学都引进了数理逻辑符号来表达联结词。(当然,也不能将此"一定歧义"过分夸大,以至于认为必须全面用数理逻辑取代以对自然语言的应用为特色的普通逻辑。事实证明,普通逻辑在社会生活以及诸多学科中的应用性魅力是永存的。因此,我们认为:普通逻辑在引进数理逻辑符号时,应有一个适当的限度。)不相容选言联结词用符号 $\underline{\vee}$ 来表示,读作"不相容析取"。于是,不相容选言判断的公式为: $p \underline{\vee} q$。

在自然语言中,常用"要么"表示不相容联结词,故不相容选言判断的公式也可写作:要么 p,要么 q。

不相容选言判断的逻辑性质是各肢判断不能同真,也不能同假,即肢判断有一肢真并且只有一肢真。据此,在由两个肢判断组成的不相容选言判断中,当两肢在同真、同假这两种情况下, $p \underline{\vee} q$ 为假,而在其余两种情况下, $p \underline{\vee} q$ 为真。

不相容选言判断的真值表:

p	q	$p \underline{\vee} q$
真	真	假
真	假	真
假	真	真
假	假	假

据此,以上不相容选言判断有一肢("小猫在家里长成大猫了")真,并且只有一肢真,故这一不相容选言判断为真。

　　通过以上对两种选言判断的分别讲述,我们可以归结出,相容选言判断与不相容选言判断的区别在于,相容选言判断的选言肢可以同真,而不相容选言判断的选言肢不能同真。了解这一区别很重要,特别是在日常语言中,有时用"或者"表达"要么……要么"的意思,就必须紧紧抓住这一区别来断定该选言判断所属的种类。

　　相容选言判断和不相容选言判断的联系在于:它们都是选言判断,因此都具有选言判断的共性:至少有一肢为真。

　　请比较以下两则幽默:

妈 妈 太 忙

　　老师:"你的作业怎么又是你爸爸替你做的?"

　　学生:"我本来不想让他再替我做,可妈妈总是忙得脱不开身。"

拔 　 牙

　　病人对医生说:"你真会赚钱,只用三秒钟就赚了三个美元。"

　　医生回答说:"如果您愿意的话,我可以按慢动作给你拔。"

　　在《妈妈太忙》里,学生的回答中隐含着以下选言判断:

　　我的作业或者是爸爸替我做的,或者是妈妈替我做的。

　　这一选言判断的两个肢判断是相容的,可以同真的,因此,是一个相容选言判断。其公式为:$p \lor q$。

　　在《拔牙》里,医生的回答中隐含着以下选言判断:

　　我要么按快动作给你拔牙,要么按慢动作给你拔牙。

　　这一选言判断的两个肢判断是不相容的,不能同真的。很明显,按快动作拔牙和按慢动作拔牙这二者是不可得兼的,二者必居其一,因此,这是一个不相容选言判断。其公式为:$p \veebar q$。

三十六

"情书和遗嘱"·"为什么作业由爸爸做"

——选言推理

如果我们用一个已知为真的选言判断作为一个前提(通常将这个前提叫做大前提),通过对这个选言判断部分选言肢的肯定或否定,再根据相应的规则,就可以进行推理,从而得到一个新的作为结论的判断,这个作为结论的新判断就是对这个选言判断另一部分选言肢的否定或肯定。

我们以上一讲中举到的两个笑话和幽默为例。

在《借电唱机》里,那个借电唱机的人就以"借电唱机或者是想欣赏音乐,或者是为了便于我晚上好好睡觉"为大前提进行了推理。我们可以将这一推理整理为典型的逻辑语言表达如下:

借电唱机或者是想欣赏音乐,或者是为了便于我晚上好好睡觉;

我借电唱机不是想欣赏音乐;

所以,我借电唱机是为了便于我晚上好好睡觉。

在《小猫》中,玛丽也用一个选言判断作为大前提进行了推理。她的推理是这样的:

那只小猫或者死了,或者跑了,或者送给朋友了,或者在家里已经长成大猫了;

那只小猫在家里已经长成大猫了；

所以，那只小猫不是死了，不是跑了，不是送给朋友了。

我们把跟这两个推理同类型的推理，叫做选言推理。

选言推理就是以选言判断为大前提，并依据不同选言联结词的性质而进行的推理。

选言联结词有不相容选言联结词与相容选言联结词。它们的逻辑性质决定了他们所在的选言判断的性质，从而也决定了选言推理的不同种类。根据选言联结词的不同性质，我们把选言推理分为两种：不相容选言推理和相容选言推理。

（一）不相容选言推理

不相容选言推理是以不相容选言判断为大前提，并依据不相容选言联结词的性质而进行的推理。

不相容选言联结词的性质是，它所联结的选言肢有一真，并且只有一真，即是说，以两个选言肢组成的选言判断来说，这两个选言肢不能同真，也不能同假。

据此性质，我们可以由一肢真，推知另一肢假；也可以由一肢假，推知另一肢真。因此，不相容选言推理有两种正确的形式。

（1）肯定否定式。公式为：

$$p \veebar q \qquad\qquad p \text{ 或者 } q$$
$$\underline{p(q)} \qquad 或 \qquad \underline{p(\text{或 } q)}$$
$$\overline{q}(\overline{p}) \qquad\qquad \therefore 非 q(或非 p)$$

以上所举《小猫》中，玛丽所作的推理，就是一个不相容选言推理的肯定否定式。

请看以下幽默：

为 什 么 迟 到

老师:"尼古拉,你为什么迟到?"

尼古拉:"我妈病了。我得上药房呀。"

老师:"那你呢,雷米? 你为啥迟到?"

雷米:"我的表慢了。"

老师:"那赛尔瑞,你呢?"

赛尔瑞:"我头痛。"

老师:"安托尼,你干吗哭?"

安托尼:"理由都让他们讲完了,我没有啥可说了……"

看来,这个安托尼是在头脑中作出了如下推理后,才哭起来的:

迟到的理由要么被他们找完,要么被我找到;

迟到的理由已被他们找完了;

所以,迟到的理由我找不到了。

安托尼由于找不到迟到的理由,也就急哭了。他的哭,使人微笑。

很明显,安托尼的推理也是不相容选言推理的肯定否定式。

不相容选言推理肯定否定式的规则是:肯定一个选言肢,就要否定另一肢。

(2) 否定肯定式。其公式为:

$$\frac{p \veebar q}{\underline{\overline{p}(\overline{q})}}{q(p)} \quad 或 \quad \frac{p \, 或者 \, q}{非 \, p(或非 \, q)}{q(或 \, p)}$$

请看以下幽默:

情 书 和 遗 嘱

海明威住在美国爱达荷州时,适逢这个州竞选州长。有一个参加竞选的议员知道海明威很有声望,想请海明威替他写一篇颂扬文章,帮他多拉几张选票,当他见到海明威,把要求提出来后,海明威一口答应翌日派人送去。

第二天清早,议员果然收到海明威送来一封信,拆开来一看,里面套着的是海明威的太太过去写给海明威的一封情书。议员当时以为是海明威匆忙中弄错了,便把原件退回,顺便又写了一张便条,请海明威帮忙。不一会,海明威又送来第二封信,议员打开一看,竟是一张遗嘱,于是他就亲自赶到海明威家去询问究竟。海明威无可奈何地说:"我家里除了情书以外,便只有遗嘱了,你还能叫我拿什么东西给你呢?"

这里,海明威极富幽默感地拒绝了那位议员的写颂扬文章的要求。

在海明威给那位议员的第二封信里,就包含了一个不相容选言推理的否定肯定式:

> 你想从我这里得到的要么是情书,要么是遗嘱;
>
> 你不想从我这里得到情书;
>
> 所以,你想从我这里得到遗嘱。

不相容选言推理的否定肯定式有两条规则:

(1) 否定一选言肢,就要肯定另一肢。

(2) 大前提必须穷尽一切可能情况。

请看笑话:

当然你得头奖

年终评奖即将开始了,小魏想摸摸车间主任的"底",便问:"车间主任,这次评奖,你看我们小组谁能得头奖。"

"当然你得头奖啰。"

"怎么当然我得头奖?"

"你们小组共九个人,你来反映赵、钱、孙、李、周、吴、王、陈八个同志都不好,当然只有你能得头奖了!"

小魏哑然。

在这则笑话中,车间主任对小魏进行了使小魏难堪的讽刺,这种讽刺是在笑声中进行的,同时,也是通过逻辑推理来进行的。

车间主任作了一个不相容选言推理的否定肯定式:

这次得头奖的或赵、或钱、或孙、或李、或周、或吴、或王、或陈、或小魏;

(根据小魏反映)赵、钱、孙、李、周、吴、王、陈八同志都不好,不能得头奖;

所以,当然该小魏得头奖。

这一不相容选言推理的大前提是包含九个选言肢的不相容选言判断。而小前提对除"小魏"以外的其余八个选言肢给予了否定,那么,根据不相容选言推理否定肯定式的规则①,在结论中就必须对余下的一肢给予肯定,于是,得出了"当然该小魏得头奖"的结论。这一结论是可笑的,是对小魏"为得头奖而在领导面前打小报告"的行为的讽刺。但这一推理形式又是正确的,合逻辑的。推理形式正确而结论可笑,这只能说明有一前提虚假,原来虚假的前提是小前提。因为这个小前提是小魏为想得头奖而"虚构"出来的。

请再欣赏以下幽默:

买 邮 票

莎莎替爸爸到邮局买邮票,不知如何称呼柜台里的小姐,想到人们常称呼爸爸"老板",就说:"老板,我买邮票。"

175

柜台里的小姐听了不是味,便说:"我不是老板,以后别再这么喊,好吗?"

莎莎听了点点头,表示知道了。过了几天,她又来买邮票,只听她对柜台里的小姐说,"老板娘。我买邮票。"

莎莎对柜台里的小姐的两次称呼,特别是第二次称呼都给人一种童真的幽默感。

原来,莎莎之所以在第二次买邮票时称呼柜台里的小姐为老板娘,是在头脑中经过了一番推理的。莎莎的推理是:

或者称呼她老板,或者称呼她老板娘;

不称呼她老板;

所以,称呼她老板娘。

她违反了不相容选言推理否定肯定式的规则②。

显然,在此,大前提并未穷尽一切可能情况,在作为大前提的不相容选言判断中,漏掉了"称呼她小姐"这个选言肢。

有的幽默,故意违反不相容选言推理否定肯定式的规则②,以此展现某种智慧。请欣赏一则法国幽默:

小 孩 与 马

一个富翁在小饭馆前下了马,粗鲁地对走近他身旁的小孩说:"喂,看住我的马!"

"你的马不凶吗?"小孩问。

"不凶。"

"不踢人吗?"小孩又问。

"不踢人。"

"会逃跑吗?"

"不会。"

"那要我看干吗?"

显然,这位聪明的小孩运用了如下不相容选言推理的否定肯定式回敬了那位富翁的粗鲁行径。这一不相容选言推理的否定肯定式故意在大前提中漏掉了"马可能被偷"这一选言肢:

> 你要我看住你的马,要么是它凶,要么是它踢人,要么是它会逃跑;
>
> 它不凶,也不踢人,又不会逃跑;
>
> 所以,我无需看住你的马。

(二) 相容选言推理

相容选言推理是以相容选言判断为大前提,并依据相容选言联结词的性质而进行的推理。

相容选言联结词的性质是,它所联结的选言肢中至少有一真,而不必然有一假。即是说,选言肢间不能同假,可以同真。

据此,以具有两个选言肢的相容选言判断为例,我们可以由一肢假,推另一肢真;但不能由一肢真而推另一肢假。

故相容选言推理只有一种正确式,即否定肯定式。

公式:

$$\frac{p \text{ 或者 } q}{\text{非 }p(\text{或非 }q)} \qquad \text{或} \qquad \frac{p \vee q}{\overline{p}(\overline{q})}$$
$$\therefore q(\text{或 }p) \qquad\qquad\qquad \therefore q(p)$$

我们这一讲开头所举的在《借电唱机》中,那个借电唱机的人所作的推理就是一个相容选言推理。

在上一讲我们已引用过的幽默《妈妈太忙》中,那位学生对老师的回答,也可以整理表达为一个相容选言推理:

我的作业或者由爸爸替我做,或者由妈妈替我做;

这次妈妈由于太忙没有替我做;

所以,这次作业是由爸爸替我做的。

相容选言推理的规则是:

(1) 否定一选言肢,就要肯定其他选言肢。

(2) 肯定一选言肢,不能否定其余肢。

三十七

"千万不要相信"·"买防弹背心"

——充分条件假言判断

千万不要相信

这件事发生在公共图书馆里。

甲：刚才我在这本小说里看到了两句警句："假如有人对你说，步行比坐车快，有病比无病好，那你千万不要相信。"

乙：（放下了正在阅读的书籍）假如有人对你说，在图书馆里，谈话总比不谈话好，那你千万不要相信。

这里，甲乙两人的谈话相映成趣，虽然其谈话的具体内容不同，但其逻辑形式却是相同的。这一逻辑形式可用公式表示为：

如果 p，那么 q。

这一逻辑形式所表示的是假言判断中的一种——充分条件假言判断。

所谓假言判断，是指断定某一事物情况为另一事物情况的条件的判断。或者说，假言判断是反映事物情况之间具有条件与结果联系的判断。

假言判断通常由假言联结词结合两个肢判断构成。其中，反映条件的肢判断叫前件，反映结果的肢判断叫后件，肢判断分别用 p、q 表示。

例如，在"假如有人对你说，在图书馆里，谈话总比不谈话好，那你千万不要相信"这个假言判断中,断定了"有人对你说,在图书馆里,谈话总比不谈话好"这一事物情况是"你不要相信"这一事物情况的条件。前者是条件,后者是结果,故反映前者的肢判断为前件,反映后者的肢判断叫后件。"假如……那"是联结词。

事物情况之间条件与结果的联系简称条件联系,联结词反映条件联系的性质,它也决定假言判断的性质。假言判断正是根据条件联系的不同来进行分类的。条件联系有三种:充分条件、必要条件、充分必要条件,因此,与此相应,假言判断也有三种:充分条件假言判断、必要条件假言判断、充分必要条件假言判断。

那么,什么是充分条件?什么是充分条件假言判断?充分条件假言判断具有怎样的逻辑性质呢?

如果 p 这种事物情况的出现必然导致 q 这种事物情况的出现,而 p 不出现,则 q 不一定不出现(即 p 可能出现,也可能不出现),那么我们就说 p 是 q 的充分条件。换句话说,当有 p 必有 q,无 p 则 p 不定时,p 就是 q 的充分条件。

例如,"有人对你说,在图书馆里,谈话总比不谈话好"对于"你不要相信"来说,就是一个充分条件,因为只要有前者,就必然有后者,而当无前者时,并非一定无后者。显然,在有"有人对你说,在图书馆里,谈话总比不谈话好"的情况下,就必有"你不要相信"这一结果出现,而当没有前面那个条件时,就不一定不出现"你不要相信"的结果。因为,除了不要相信那个"前者"外,"你不要相信"的东西还多着呢!

反映充分条件联系的假言判断就是充分条件假言判断。

例如,当人们的头脑反映了上面所说那样的充分条件联系,就会形成如下充分条件假言判断:

假如有人对你说,在图书馆里谈话总比不谈话好,那你千万不要相信。

充分条件假言判断由前件、后件和充分条件假言联结词三个部分组成。

以上充分条件假言判断的前、后件,上面已经说明,"假如……那",在此是充分条件假言联结词。

在日常语言中,充分条件假言联结词的语言表达形式多样。如"只要……就"、"倘若……则"等等都表达充分条件假言联结词。

请看幽默:

报 告 与 睡 觉

夜深了,妻子总睡不着,她央求丈夫说:"你快作个报告吧!"

丈夫问:"为啥?"

妻子说:"你一作报告,听的人就睡着了!"

这里,妻子那句富于幽默感的话"你一作报告,听的人就睡着了"就表达了一个充分条件假言判断。其中,"一……就"所表达的就是充分条件假言联结词。

在日常语言中,我们选择"如果……那么"作为充分条件假言联结词,于是,充分条件假言判断的公式是:如果 p,那么 q。

同时,我们也引进数理逻辑的蕴涵词"→"来表示充分条件假言联结词,于是,充分条件假言判断的公式也可以表达为:p→q。"→"这个蕴涵词读作"蕴涵",也可读作"如果……那么"。

在自然语言中充分条件假言联结词的语言表达形式有时可以省略,但我们可以从前后件之间的条件与结果的关系辨别出一个句子是否表达了充分条件假言判断。

请看以下幽默:

别 长 了

孩子妈对孩子爹说:"看咱儿子的个头又长高了!"

孩子爹说:"别长了,再往高里长,他穿剩下的衣服我就穿不成啦!"

这里,孩子爹的话里就包含了一个省略掉联结词的充分条件假言判断:

孩子再往高里长,他穿剩下的衣服我就穿不成啦。

在此,省略掉了联结词"如果……那么"但我们可以看出,在前件"孩子再往高里长"与后件"他穿剩下的衣服我就穿不成啦"之间具有"有前件存在,必须后件存在,无前件存在,后件是否存在不能决定"这样一种充分条件联系,所以,我们能确定它是一个充分条件假言判断。

现在,我们来看,怎样确定一个充分条件假言判断的真假。

根据"有 p 必有 q,无 p 则 q 不定",我们可知:"如果 p,那么 q"在 p 真、q 真;p 假、q 真以及 p 假、q 假这三种情况下都可以是真的。只有在 p 真、q 假这一种情况下,才是假的。这就是充分条件假言判断的逻辑性质。根据这个逻辑性质,我们就可以确定一个充分条件假言判断的真假。这就是说,充分条件假言判断的真假可以由其前后件的真假情况来决定。

请看幽默:

校 长 的 话

甲:"假如校长不收回他今天早晨说过的话,我就离开学校。"

乙:"他说什么了?"

甲:"他叫我离开学校。"

"假如校长不收回他今天早晨说过的话,我就离开学校"这个充分条件假言判断,只有在前件"校长不收回他今天早晨说过的话"真,而后件"我就离开学校"假这种情况下,它才是假的。看来,校长不收回他的话,而这个"我"又不离开学校这种情况是不可能出现的。故这个充分条件假言判断也就是真的了。

再看一则外国幽默:

买防弹背心

顾客:"这防弹背心保险吗?"

老板:"当然,卖出去那么多,从来没有人来退换的。"

顾客:"要是我穿上它被枪杀了怎么办?

老板:"我保证亲自把钱退给你。"

从这则幽默中,我们可以从老板的话中找出一个充分条件假言判断:

要是顾客穿上这防弹背心而被枪杀了,那么我就保证把钱亲自退给顾客。

这明显是一个惹人发笑的假判断,因为其前件真时,后件是假的。谁都能想像出来,当顾客真被枪杀了,那将钱亲自退给顾客的保证怎能兑现呢?

充分条件假言判断的真值表:

p	q	p→q
真	真	真
真	假	假
假	真	真
假	假	真

三十八

"申请当兵"·"大侦探与小偷"
——必要条件假言判断以及充要条件假言判断

申 请 当 兵

一个老人申请当兵。中士问:"多大岁数了?"老人答:"六十二岁。"中士说:"你可知道,这个岁数太大了!"老人说:"假如当士兵显得岁数大了些,那么,我就当将军得了。"

这里,中士的话中包含了一个必要条件假言判断,即:"只有年龄适当的人,才能当兵。"

必要条件假言判断就是断定某一事物情况是另一事物情况必要条件的假言判断。

如果 p 这种事物情况不出现,则 q 这种事物情况也不出现;而 p 出现,则 q 不一定出现,那么,p 就是 q 的必要条件。换句话说,当无 p 必无 q,有 p 则 q 不定时,p 就是 q 的必要条件。

我们设"年龄适当的人"为 p,设"能当兵"为 q,那么,这里 p 与 q 之间就具有必要条件联系,即是说 p 是 q 的必要条件。因为,如果一个人没有适当的年龄,就一定不能当兵,但有了适当的年龄,是否能当兵不能定。当兵除适当年龄是个必须具备的条件外,还同时要求别的一些条件。

我们再将充分条件与必要条件合起来说说。所谓充分条件,也就是充足条件,即是说,对于某一结果的出现来说,只要具备充分条件也就足够了,"有 p 必有 q"。而所谓必要条件,它对于某一结果的出现来说,只是一个必不可少的条件,而不是足够的条件,没有它肯定不成,而有了它呢,则不一定非成不可。可成,也可不成:"无 p 则无 q,而有 p 呢——q 不定"。

好了,我们回过头来继续谈必要条件假言判断。

当某种事物情况之间的必要条件联系反映到我们头脑中来,就形成了相应的必要条件假言判断。

比如,当"年龄适当的人"与"能当兵"这两种事物情况间的必要条件联系反映到人脑中来,就形成了"只有年龄适当的人,才能当兵"这个必要条件假言判断。

必要条件假言判断的公式为:只有 p,才 q。其中,"p"、"q"分别表示前件和后件,"只有……才"是必要条件假言联结词。在日常语言中,联结词的表达形式多样,如"除非……不"、"不……不"、"不……就不"等都可表达必要条件假言联结词。

必要条件假言判断的公式也可写作:

p←q　或　$\overline{p}→\overline{q}$

"←"可读作"只有……才"或"反蕴涵"。

"–"表示非或否定。$(\overline{p}→\overline{q})$可读作:"如果非 p,那么非 q",其含义等值于"只有 p 才 q"。

必要条件假言判断的逻辑性质是:它只有在"p 假,q 真"这一种情况下才是假的,而在其余三种情况下都可以是真的。这一逻辑性质也是直接从必要条件的定义"无 p 必无 q,而有 p 则 q 不定"中推导出来的。

必要条件假言判断的真值表如下:

p	q	p←q
真	真	真
真	假	真
假	真	假
假	假	真

值得大家注意的是,一般说来,假言判断的两个肢判断的排列顺序是前件在前,后件在后,但有时也有例外。这时,我们只要紧紧把握住"表示条件的肢判断叫做前件,表示结果的肢判断叫做后件"这一标准,就不难识别出哪是前件,哪是后件。而再根据前件和后件的实际关系也就不难识别出某一假言判断所属的种类了。

请看以下笑话故事:

大侦探与小偷

一天,大侦探家里突然来了一个留着长胡子的陌生客人。

客人说:"侦探先生,我想当一名侦探,不知从何学起?"

大侦探打量了一下来客,笑了笑回答说:"为了答复你的提问,请允许我打个比方。比方说,你是一个小偷。当你按门铃时已经留下了指纹。我可以根据指纹把你查出来。当你走进客厅,在地板上留下了脚印,我可以据此判断你是男是女,并推出你的身高,你坐过的沙发又留下你的气味,我可以用警犬闻一闻这气味,跟踪追击,把你抓住,不过,这对于你来说,已不必要了,因为我现在已经发现你的胡子是粘上去的,所以我可以把你当场抓住。"说到这里,大侦探突然伸手一抓,把客人的假胡子全拉了下来。

客人浑身哆嗦,原来他正是小偷化装而来的,现在原形毕露,狼狈不堪,连连向大侦探叩头求饶。

大侦探随手写了一张纸条,交给小偷说:"带回去给你的同伙看看,这就是学侦探的经验。"

小偷急忙溜回家里,拆开纸条一看,上面写了十个大字:"若要人不知,除非己莫为!"

这里,大侦探写在纸条上那十个字"若要人不知,除非己莫为"所表达的就是一个假言判断。现在,我们对此假言判断进行分析。

在这个假言判断里,"己莫为"是条件,"人不知"是结果,因此"己莫为"是前件,"人不知"是后件。而前件和后件之间的实际关系是:如果没有"己莫为"这个条件,也就必然没有"人不知"这个结果。这里显然是必要条件关系,因此,"若要人不知,除非己莫为"是一个必要条件假言判断。"若要……除非"是联结词,不典型。自然语言中的联结词往往不典型。这就需要我们了解其所表达的实际意义,并在思想中将它换为典型的联结词,从而准确理解其逻辑意义。通过分析,我们已认识到"若要……除非"这一联结词所表达的逻辑意义跟"只有……才"或"不……就不"是一致的。那么,我们完全可以将"若要人不知,除非己莫为"这个表达上不典型的必要条件假言判断改写为以下典型的表达形式:"只有己莫为,才能人不知。"

当然,经过这样一改,从逻辑上说,是典型了,而从语言表达形式上说,反而别扭了。这是应该注意到的另一面。从这"另一面",我们亦可看出自然语言的丰富表现力,从而领略到以对自然语言的应用为特色的普通逻辑的不可取代性及其魅力。

至于还有一种假言判断即充分必要条件假言判断,只不过是充分条件假言判断和必要条件假言判断的结合形式。我们仍举一笑话实例给予简要说明。

学 到 老

父：你又留级了。

儿：嗯。

父：你打算初二年级要念几年？

儿：一辈子。

父：啊？

儿："活到老,学到老"嘛！

这里，儿子对"活到老,学到老"这句话的理解是荒唐可笑的。其荒唐可笑的根源在于他偷换了"学到老"中"学"这个概念。"学"是指"学习"，而那位儿子将"学"偷换为"念初二年级"，这样一来，当然，"学到老"就被偷换为"念初二年级念到老"这个意思了。

我们现在就"活到老,学到老"这句话的本意来进行分析。假若它仅仅表达"如果活到老,那么学到老"的意思，那么，它所表达的就是一个充分条件假言判断。

但是"活到老,学到老"这句话，还可以理解为如下的意思：

如果活到老,那么学到老,而且只有活到老,才能学到老。

这显然是充分条件假言判断和必要条件假言判断的结合，故可将它当作一个充分必要条件假言判断。

当有 p 必有 q,无 p 必无 q 时,p 就是 q 的充分必要条件(简称充要条件)。反映充要条件的假言判断就是充分必要条件假言判断,简称充要条件假言判断。

充要条件假言判断的公式为：当且仅当 p,则 q。

"当且仅当"是逻辑学所专用的充要条件假言联结词,它就是

"如果而且只有……"的意思,日常语言中,往往将充分条件假言联结词"如果……那么"和必要条件假言联结词"只有……才"结合起来表达充要条件假言联结词,而很少用"当且仅当"作为充要条件假言联结词。

符号←→也可表示充要条件假言联结词。←→读作"等值",也可读作"当且仅当"。于是,充要条件假言判断的公式也可写为:p←→q。

根据充要条件的定义"有 p 必有 q,无 p 必无 q",可知充要条件假言判断的逻辑性质如下:

在前件真,后件真,前件假,后件假这两种情况下,一个充要条件假言判断为真。在前件真,后件假,前件假,后件真这两种情况下,一个充要条件假言判断为假。

据此,可列出充要条件假言判断的真值表如下:

p	q	p←→q
真	真	真
真	假	假
假	真	假
假	假	真

三十九

"买玩具"·"赛说谎"

——充分条件假言推理

买 玩 具

一位女顾客到商店为自己的女儿选购玩具。"拿这个吧!"女售货员指着个洋娃娃说,"它最好玩。如果把它放倒躺下,它便立即闭上眼睛,像真孩子一样。"

"哎,姑娘,"女顾客说,"一下子就可看出,你还没有孩子。"

为什么这位女顾客能够"一下子就可以看出",女售货员"还没有孩子"呢?

原来,她听了女售货员的那句话后,在自己头脑中形成了一个假言判断,然后以之为大前提进行了如下一番推理:

如果女售货员已经有了孩子,那么,她就不会认为把真孩子放倒躺下,便会立即闭上眼睛;

现在女售货员认为把真孩子放倒躺下,便会立即闭上眼睛;

所以,(一下子就可以看出)女售货员还没有孩子。

像这种以假言判断为大前提,并依据假言判断前后件之间的关系所进行的推理就叫做假言推理。

假言推理的小前提和结论一般都是性质判断,假言推理就是通过一个性质判断对大前提的前件或后件的肯定或否定而得出结论的。

以上推理的大前提是个充分条件假言判断,以充分条件假言判断为大前提,并根据充分条件假言判断前后件之间关系所进行的推理叫充分条件假言推理,以上推理就是个充分条件假言推理。

充分条件假言判断前后件之间的关系是:前件真,则后件真,后件假,则前件假,前件假,则后件真假不定;后件真,则前件真假不定。

据此,充分条件假言推理应遵守以下两条规则:

(1) 肯定前件就要肯定后件,否定后件就要否定前件。

(2) 否定前件不能否定后件,肯定后件不能肯定前件。

根据规则(1),充分条件假言推理有两个正确的形式即正确式:

1) 肯定前件式。公式为:

如果 p,则 q;

$$\frac{p;}{\therefore q}$$

2) 否定后件式:

如果 p,则 q;

$$\frac{非 q}{\therefore 非 p}$$

以上那位女顾客的推理,就是一个充分条件假言推理的否定后件式,因此,其推理形式是正确的。

我们再举一个包含充分条件假言推理肯定前件式的幽默实例:

赛　说　谎

史密斯先生看到一群孩子围着一只小狗。他问："你们在干什么呀?"

一个孩子说："我们在比赛说谎话。谁的谎话说得最大,谁就能得到这只小狗。"

史密斯先生："胡闹!我像你们这个年纪时,可从没有说过谎话。"

那个孩子听了,笑着说："史密斯先生,你赢了,这小狗归你。"

从这则幽默中,我们可以分析出,那个孩子以他自己的话"如果谁的谎话说得最大,那么,谁就能得到这只小狗"为大前提,进而认定史密斯先生所说"胡闹!我像你们这个年纪时,可从来没有说过谎话"这句话是最大的谎话,并以此为小前提,进行了如下的推理:

如果谁的谎话说得最大,那么谁就能得到这只小狗,

史密斯先生的谎话说得最大,

所以,史密斯先生能得到这只小狗。

显然,这是一个充分条件假言推理的肯定前件式。

根据规则(2),充分条件假言推理的"否定前件式"和"肯定后件式"是两个错误的推理形式,即错误式。

请看下面一则中国古代笑话:

鬼　显　灵

楚国人大都迷信鬼。

一天晚上,有人在北城门外祈祷,偏巧被一个好事者碰见。好事者藏进草丛里,向祈祷的人扔石头子,祈祷的人被吓

得往回就跑,跑了十多步,又站下回头来看看动静。这时,好事者又向他扔石子,祈祷的人更加害怕,撒腿又跑。就这样,越跑扔过来的石子越多。好事的人看他跑远了,就拿起刚才作祈祷用的肉来,美美地吃了一顿。后来,祈祷的人发现肉不见了,以为是鬼显灵吃了,越是迷信鬼神,越是不断祈祷。而且,从此以后,人们都说北城门外有鬼灵,传言越来越广,到北城门外来祈祷的人也越来越多。不仅如此,以后,凡是祈祷的人如果肉没有丢失,就说是鬼没有显灵。心里反而犯愁。

笑话中那位祈祷的人被好事者吃掉他用来祈祷的肉后,作出了一个虚假的充分条件假言判断:

如果祈祷用的肉不见了,就是鬼神显灵。

这一充分条件假言判断其所以假,是因为其前件真,而后件假。

那些继那位祈祷的人而来的祈祷者们,则以这一虚假的充分条件假言判断为大前提,进行了形式也是错误的推理。他们的推理是这样的:

如果祈祷用的肉不见了,就是鬼神显灵;

祈祷用的肉没有丢失;

所以,鬼神没有显灵。

设"祈祷用的肉不见了"为 p,"鬼神显灵"为 q,则"祈祷用的肉没有丢失"为非 p,"鬼神没有显灵"为非 q。于是,以上推理的公式为:

如果 p,那么 q,

非 p

∴非 q

193

这是一个充分条件假言推理的否定前件式,而根据规则,否定前件式是充分条件假言推理的错误式。

充分条件假言推理,在古今中外的不少笑话和幽默中,广泛地被运用。以下我们再分析几个实例:

白头发的起因

小女孩问妈妈说:"妈妈,你头上为什么长出白头发来呢?"

妈妈回答道:"因为女儿不听话,妈妈头上才会长出白头发呗!"

这时,小女孩心领神会地说:"现在,我可知道了,为什么姥姥的头发全白了。"

这位妈妈的一句"戏言"竟成为小女孩进行推理的前提。小女孩的推理过程如下:

如果女儿不听话,妈妈的头上就会长白头发;

妈妈(奶奶——妈妈的妈妈)的头发全白了;

所以,女儿(小女孩的妈妈——奶奶的女儿)不听话。

这是一个充分条件假言推理的肯定后件式。根据规则,肯定后件式也是充分条件假言推理的错误式。

推销吸尘器

家用电器公司的推销员来到一户人家,硬要向这家的主妇示范他们的吸尘器。他先把咖啡末、灰尘撒在她客厅的地毯上,然后说:"要是我的吸尘器吸不掉,我都给吃下去。"

主妇听了,抬脚便往外走。

"哎,你到哪里去?"推销员忙问。

"我去给你拿个调羹来,"主妇回答说,"因为今天停电。"

这里,家庭主妇作了如下的推理:

　　要是吸尘器吸不掉灰尘,推销员就把灰尘吃下去,

　　现在吸尘器吸不掉灰尘(因为停电);

　　所以,推销员要把灰尘吃下去(我去拿个调羹来)。

这是一个充分条件假言推理的肯定前件式。根据规则,是正确式。这一推理形式的运用,充分显示了那位家庭主妇的幽默感。

搞 错 后 代

有一班文武官员正在看《七擒孟获》的川剧。

一个武官:"真想不到,孟子的后代孟获居然如此野蛮。"众人听后,不禁掩口而笑。

哪知一个文官接口说道:"仁兄所见极是,还是孔夫子的后代孔明强一些。"

这位文官的话对那个武官的"搞错后代"进行了极富幽默感的讽刺。这里,他所运用的是如下推理:

　　如果孟获是孟子的后代,那么孔明就是孔夫子的后代了;

　　孔明当然不是孔夫子的后代,

　　所以,孟获也就不是孟子的后代了。

这是一个充分条件假言推理的否定后件式,是一个正确的推理式。这位文官就这样以推理的形式揭示了那位武官的无知可笑。

不 是 猴 儿

病人:同志,这取药的窗口太小了,我都看不见,你坐在哪边了。

发药人:你看我干吗呀? 我又不是猴儿!

在发药人那"不礼貌"的语言中,包含了如下的推理:

如果是个猴儿,就可以让人看;

我不是猴儿;
_____

所以,我不该让人看见。

这是个充分条件假言推理的否定前件式,它违反了充分条件假言推理"否定前件不能否定后件"的规则,是错误的推理形式。这位发药人的语言既不美,又不合逻辑,这二者加起来,就显得十分可笑了。

四十

"雪人被偷走了"·"这真是奇妙的逻辑"

——必要条件假言推理

请欣赏一则幽默：

雪人被偷走了

下了一夜大雪。王家小弟弟早晨起来,在院子里堆了一个雪人。

下午天晴,王家小弟弟去看雪人,雪人已经没有了。他哭叫着:"谁把我的雪人偷走了?"

这是一则充满童真情趣的幽默。

从表面看来,王家小弟弟哭叫着喊出的那句话"谁把我的雪人偷走了"是一个颇带感叹性的疑问句,它并不直接表达判断。但是稍加分析,便知其中隐含着一个判断:"我的雪人是被人偷走了。"而这一判断的形成之际,也正是王家小弟弟伤心地哭喊起来之时。

从整体上看,我们可以对这则幽默作以下的逻辑分析:"我的雪人是被人偷走了"这一判断是怎样得出来的呢?

原来,王家小弟在发现雪人不见了时很快地,当然是不自觉地在头脑中进行了这么一番推理:

只有雪人被人偷走,我才看不见它,

现在我没有看见雪人;

所以,雪人一定是被人偷走了。

这是以必要条件假言判断为大前提所进行的推理,我们把这种推理叫做必要条件假言推理。

那么,王家小弟的这个推理是否具有逻辑性呢?

为了使一个必要条件假言推理的形式正确,即具有逻辑性,我们就必须遵守必要条件假言推理的规则,而必要条件假言推理的规则又是以作为大前提的必要条件假言判断前后件之间的关系为其基础的。

必要条件假言判断前后件之间的关系是:前件假,则后件假;后件真,则前件真;前件真,则后件真假不定;后件假,则前件真假不定。

据此,必要条件假言推理的规则是:

① 否定前件就要否定后件,肯定后件就要肯定前件。

② 肯定前件不能肯定后件,否定后件不能否定前件。

根据规则①,必要条件假言推理有两个正确式:

1) 否定前件式。公式为:

只有 p,才 q

非 p;

∴非 q

2) 肯定后件式。公式为:

只有 p,才 q;

q;

∴p

现在,我们可以回答"王家小弟的这个推理是否具有逻辑性"这个问题了。

设"雪人被人偷走"为 p,"我看不见它"为 q,这样,王家小弟的推理式为：

$$只有 p，才 q$$
$$\underline{\qquad\qquad q\qquad\qquad}$$
$$\therefore p$$

这恰恰是必要条件推理的肯定后件式，是正确式，也就是说，王家小弟这个推理形式上是正确的，具有逻辑性的。那么，他的可笑之处又在何处呢？

王家小弟引人发笑的原因在其推理的大前提虚假。也许大家还记得我们在说明使推理正确的两个条件时所说的那些话吧！我们讲过，逻辑学不研究前提是否真实的问题，但是在运用逻辑时则往往要涉及这个问题。王家小弟的推理形式正确，而大前提虚假，从而引人发笑，也就是涉及了这个问题。具体说来，就是大前提中"雪人被人偷走"这一前件与"我看不见它"这一后件之间并无"无 p 必无 q"的联系。没有"雪人被人偷走"这一情况出现，就一定也必然没有"我看不见它"这一情况出现吗？否，很显然，即使雪人不被人偷走，也会出现看不见雪人的情况——天晴了，雪人融化了，当然也就看不见了。

根据真值表，我们也可以清楚看出，王家小弟这一推理的假言前提是虚假的。

根据真值表，当一个必要条件假言判断前件假，而后件真时，该必要条件假言判断为假。

这里，雪人并未被人偷走，而是因天晴被融化。人们再也看不见它了，这正是属于必要条件假言判断前件假而后件真的情况，所以，据此可以判定，"只有雪人被人偷走，才看不见它"这一必要条件假言判断是一个假判断。

现在,请看下面的笑话:

不 会 错

"大夫,我的嗓子疼。"

"张嘴看看。噢,行了,扁桃体发炎了。吃点药吧!"

"不会吧?"

"不会错!"

"我的扁桃体三年前就割掉了。"

这则笑话对那位不负责任的医生进行了富于幽默感的讽刺。

这里,病人的"不会吧"这个结论是通过如下的推理而得来的:

只有扁桃体没有割掉的人,才会患扁桃体炎;

我的扁桃体已经割掉了;

所以,我不会患扁桃体炎。

设"扁桃体没有割掉"为 p,则"扁桃体已经割掉"为非 p;设"会患扁桃体炎"为 q,则"不会患扁桃体炎"为非 q。

以上推理可用公式表示如下:

只有 p,才 q

非 p;

∴非 q

这是必要条件假言推理的否定前件式,是正确式。

病人运用这一正确的推理形式,使得那位坚持说"不会错"的医生当面丢丑,令人发笑。

下面,我们举两个包含必要条件假言推理错误式的笑话实例加以分析。

牛 皮

甲说:"我家有一只鼓,敲起来,百里外也可以听到。"

乙说:"我家也有一头牛,在江南喝水,头可伸到江北。"

甲连连摇头说:"哪有这么大的牛?这是在吹牛!"

乙说:"你怎么这点都不懂得!没有我这么大的牛,就没有那么大的牛皮来蒙你的鼓。现在,正因为有了我这么大的牛,才会有牛皮来蒙你的鼓呀!"

这两个吹牛大王的话逗人生笑。特别是乙的吹牛,比甲更胜一筹。看来甲在他面前只得"甘拜下风"。

乙使得甲"甘拜下风"那段吹牛话包含了如下推理:

没有我这么大的牛,就没有你那么大的鼓,

有我这么大的牛;

所以,有你那么大的鼓。

设"有我这么大的牛"为 p,"有你那么大的鼓"为 q,"没……就没"是必要假言联结词。这样以上推理就是一个必要条件假言推理的肯定前件式,其公式如下:

只有 p,才 p;

p;

∴q

根据必要条件假言推理的规则,"肯定前件不能肯定后件",故这是一个必要条件假言推理的错误式。

乙的这一形式错误的推理,使人觉得乙的吹牛胜过甲的吹牛,当然,也就同时使人觉得乙的可笑,胜过甲的可笑!

这真是奇妙的逻辑

某国一位大臣在首都遇刺身亡。警方抓到一个名叫冯特的青年,一口咬定他是凶手。于是,在法官与警官之间,展开了一场争论。

法官:"请问,你是怎样断定冯特是凶手的呢?"

警官:"大臣是乘坐敞车驶近银行大厦时遇刺的。据当时在现场的人证明,子弹是从银行大厦三楼射出的。这就是说,只有大臣被刺的时刻在银行大厦三楼逗留过的人,才能作案,而冯特被人证明当时正在银行大厦三楼,所以,冯特是凶手。同时,也可以这样来推论,就是说,只有不作案的人,才不会在大臣被刺的时刻在银行大厦三楼逗留,而冯特恰好在大臣被刺的时刻在银行大厦的三楼逗留,所以,冯特是凶手。"

法官:"真是奇妙的逻辑!"

显然,法官是不同意警官的推论的,所以才讽刺地说"真是奇妙的逻辑"。

现在,我们运用必要条件假言推理的知识来分析警方的推理,看其逻辑是否"奇妙",即是说,看其推理是否错误。如果错误,又错在何处。

在此,警官断定冯特是凶手,他进行了两个必要条件假言推理。

其第一个推理是:

只有大臣被刺时在银行大厦三楼逗留的人才能作案;

冯特是当时在银行大厦三楼逗留的人;

所以,冯特是凶手。

以上推理的公式为:

只有 p,才 q;

p

∴q

其中,p 表示"大臣被刺时在银行大厦三楼逗留的人",q 表示

"能作案(是凶手)"。

这是必要条件假言推理肯定前件式。前面已经分析过,肯定前件式是必要条件假言推理的错误式。可见警方的这一推论是不能成立的。

其第二个推理是:

只有不作案的人,才不会在大臣被刺时在银行大厦三楼逗留;

冯特在大臣被刺时在银行大厦三楼逗留;

所以,冯特是作案的人。

设"不作案的人"为p,则"作案的人"为非p;设"不在大臣被刺时在银行大厦三楼逗留"为q,则"在大臣被刺时在银行大厦三楼逗留"为非q。以上推理可用公式表达如下:

只有p,才q;

非q;

∴非p

这是必要条件假言推理的否定后件式,而根据必要条件假言推理的规则"否定后件不能否定前件",必要条件假言推理的否定后件式是错误式。可见,警方的这一推理仍然是不能成立的。

警方的两个推理都不能成立,却硬要以此咬定冯特是凶手,这当然显得可笑。所以,法官所说"这真实奇妙的逻辑"是言之有理的。

四十一

"并非我的话他们都听不懂"

——负判断

最爱听的话

有位爱说空话的干部,在台上正讲得起劲,忽然听到会场里有打鼾声。原来,不少人都睡着了。他恼火地问身边的人:"他们为什么不听?"身边的人回答说:"你的家乡话他们听不懂。"于是,他拉大嗓门,对准话筒气愤地喊道:"既然你们都听不懂我的家乡话,就散会吧!"这下子,睡觉的人也全醒了,顷刻间,会场的人都走光了。

这位干部面对空空的会场,一个人站在台上呆呆地想,并非我的话他们都听不懂。我最后那句有"散会"二字的话他们不是全听懂了吗?

看来,在这则笑话中,那位"空话"干部散会后一个人呆呆站在台上所想到的那句话不是空话。或许,这正是他向"少说空话,多干实事"的目标迈进的开端吧!

他这句话所表达的就是一个负判断:

并非我的话他们都听不懂。

所谓负判断就是由否定一个判断而得到的判断。以上负判断,就是由否定"我的话他们都听不懂"这个判断而得到的判断。

负判断是一种特殊的复合判断。我们说它是复合判断,是因为它本身包含其他判断。例如,以上的负判断就包含着"我的话他们都听不懂"这个其他判断。而我们说它特殊,就在于负判断只包含一个其他判断(肢判断),而别的复合判断都包含两个或两个以上的肢判断。

负判断的公式是:非 p。用符号"-"表示非,则负判断的公式也可表示为:$\bar{p}$。

一个判断与它的负判断之间的真假关系是矛盾关系。真值表如下:

p	$\bar{p}$
真	假
假	真

根据真值表,可知,当 p 为真 $\bar{p}$ 必假,当 p 假时,$\bar{p}$ 必真。

我们可以用 $\bar{\bar{p}}$ 表示 $\bar{p}$ 是假的,而当 $\bar{p}$ 是假的时,则 p 是真的,由此,就得到公式:$\bar{\bar{p}} \longleftrightarrow p$。

$\longleftrightarrow$ 表示等值,即逻辑意义上的相等关系。也就是同真、同假的关系。$\bar{\bar{p}} \longleftrightarrow p$ 就是所谓双重否定原则,或者叫做"否定之否定等于肯定"的原则。

对于任何一个负判断来说,都可以依据矛盾关系,找到与它等值的判断。而从一个负判断过渡到一个与之等值的判断,从某种意义上说,就是一种推理过程。所以有的逻辑教科书把这种过渡叫做负判断等值推理。但目前,更多教科书的提法则是将它叫做负判断的等值转换。

就拿这则笑话来说,那位爱说空话的干部在受到"教育"后,不仅作出了"并非我的话他们都听不懂"这个负判断,而且还进一步将这个负判断进行了等值转换,将它转换成了一个与之等值的性质判断:"我的有些话他们是听得懂的。"这一转换过程可列为如下公式:$\overline{E}\longleftrightarrow I$。

这是说,E 的负判断是非 E,而非 E 等值于 I(E 的矛盾判断)。

其余三种性质判断的负判断及其等值转换公式如下:

① A 的负判断是非 A,非 A 等值于 O(A 的矛盾判断)。

公式:$\overline{A}\longleftrightarrow O$

② I 的负判断是非 I,非 I 等值于 E(I 的矛盾判断)。

公式:$\overline{I}\longleftrightarrow E$

③ O 的负判断是非 O,非 O 等值于 A(O 的矛盾判断)。

公式:$\overline{O}\longleftrightarrow A$

从以上性质判断负判断的等值转换公式,我们可以看出:负判断不同于性质判断中的否定判断。前者是复合判断,是对整个判断的否定,而后者是简单判断,是对判断主项所指的对象所具有的性质的否定,而不是对整个判断的否定。

例如 $\overline{A}$ 正是对 A 的否定,是负判断;而 E 并不是对整个 A 判断的否定,它所否定的仅是主项所指对象所具有的性质,是简单判断。否定 A 只能等值于 O,而绝不能等值于 E。同样,否定 E 只能等值于 I,而绝不能等值于 A,就拿以上笑话来说,那位干部否定了"我的话他们都听不懂"这个 E 判断,只能得到一个 I 判断"我的有些话他们是听得懂的",而绝不能得到一个 A 判断"我的所有的话他们都是听得懂的"。假若,那位干部真的通过否定,得出了后一个判断的活,就只能说明他对自己"爱说空话"这个错误毫无认识。而事实上他并未得出这样的判断,所以我们前面讲了,从他对这一负判断的正确的等值转换过程看来,他已经开始向"少说空话、多干实事"的目标迈出可喜的第一步了。

至于各种复合判断的负判断,我们在此就不准备多讲了。为了便于大家更深一步地学习逻辑知识,我们把几种主要复合判断负判断的等值转换公式写在下面,并作简要解释。

① 联言判断的负判断是并非 p 并且 q,并非 p 并且 q 等值非 p 或者非 q:

$$\overline{(p \wedge q)} \longleftrightarrow (\overline{p} \vee \overline{q})$$

② 相容选言判断的负判断是并非 p 或者 q,并非 p 或者 q 等值于非 p 并且非 q:

$$\overline{(p \vee q)} \longleftrightarrow (\overline{p} \wedge \overline{q})$$

③ 充分条件假言判断的负判断是并非如果 p 则 q,并非如果 p 则 q 等值于 p 并且非 q:

$$\overline{(p \rightarrow q)} \longleftrightarrow (p \wedge \overline{q})$$

④ 必要条件假言判断的负判断是并非只有 p 才 q,并非只有 p 才 q 等值于非 p 并且 q:

$$\overline{(p \leftarrow q)} \longleftrightarrow (\overline{p} \wedge q)$$

⑤ 充分必要条件假言判断的负判断是并非当且仅当 p 则 q(并非如果 p 则 q 并且只有 p 才 q),并非当且仅当 p 则 q 等值于 p 并且非 q 或者非 p 并且 q:

$$\overline{(p \rightarrow q) \wedge (p \leftarrow q)} \longleftrightarrow (p \wedge \overline{q}) \vee (\overline{p} \wedge q)$$

四十二

"等了一年"

——模态判断与模态推理

等 了 一 年

麦卡德尔太太领着一位年轻姑娘到精神病院看门诊。她对医生说:"先生,这位姑娘正好从一年前开始,就老是说'我要生金鸡蛋'啦,而且叽哒叽哒地挥动手脚,'咯咯'直叫。"

"明白了,尽管她这样,你这做母亲的却整整一年没带她来诊治吧?"

"是呀,我想她说不定真会下个金蛋呢,所以我整整观察了一年。"

在这则外国幽默中,麦卡德尔太太回答医生那句话里包含了这样一个判断:

我的女儿可能会下金蛋。

像这种包含有"必然"或"可能"这类模态词的判断就叫做模态判断。或者说,模态判断是断定事物情况的可能性或必然性的判断。

断定必然性和可能性的判断都分别有肯定和否定之分。因而,模态判断共有四种:

必然肯定判断:必然 P($\Box$P)

必然否定判断:必然非 P($\Box\overline{P}$)

可能肯定判断:可能 P($\Diamond$P)

可能否定判断：可能非 P（◇P̄）

以上，麦卡德尔太太的那个判断就是个可能肯定判断。

在同一素材的模态判断之间，具有与性质判断之间类似的对应关系。可用模态逻辑方阵表示如下：

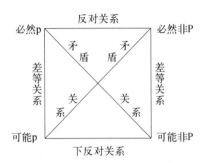

这种模态对当关系的具体含义，大家只要对照性质判断之间的对当关系去理解，就自会明白。

根据模态判断的性质和关系，我们就可以进行模态推理。

这里，我们仅结合以上笑话实例，讲一讲模态推理中的一种——模态对当推理。

模态对当推理也就是依据模态对当关系所进行的推理。

模态对当推理的种类完全同性质判断的对当关系推理一一对应。

比如，依据矛盾关系，我们就可以由必然非 p 真，推知可能 p 假。据此，我们可以作出如下推理：

这位姑娘必然不会下金蛋；

所以，并非这位姑娘可能会下金蛋。

用日常语言来表达这一推理过程，其表达方式就很灵活，比如，可以这样来表达：姑娘怎么可能下金蛋呢？所以，说"这位姑娘可能会下金蛋"简直是笑话！

209

四十三

"不许出去"·"竹竿进城"

——二难推理

不 许 出 去

康康和平平爱到外面玩,妈妈管不了这两个小淘气。

一天她想出了一个好办法,命令康康和平平把鞋子脱掉,到床上去玩,还把他俩的鞋子锁进了柜里。她得意地说:"这下,看你们怎么下地。"说完走了。

妈妈一走,天突然下起雨来,晒在外面的被子、衣服全淋湿了。妈妈从外面捧了湿透的被子、衣服进来,一见康康和平平就发火:"你们光知道玩,下这么大雨,也不知道去收一收东西!"

康康和平平指着自己的脚丫:"妈妈,我们怎么下地呀?"

这里,妈妈对康康和平平提出了两个可能达到的要求,而无论满足妈妈提出的哪个要求,妈妈都不满意,这使得孩子们左右为难。于是,孩子们头脑中形成了如下的推理:

如果我们在地上玩,妈妈不满意(她要求我们到床上去);

如果我们在床上玩,妈妈不满意(她要求我们下地收衣服);

我们或者在地上玩,或者在床上玩;

总之,妈妈不满意。

孩子们这个推理由两个假言前提和一个选言前提构成。我们把这种推理叫做二难推理,又叫假言选言推理。

"二难",就是左右为难。二难推理的特点就在于,一方说出具有两种可能性的大前提,使另一方无论肯定或是否定其中的哪一种可能,结果都会落得左右为难的境地。以上笑话实例中孩子们的那个二难推理,充分表明了二难推理的这个特点。

我们可写出以上二难推理的公式即逻辑形式如下:

如果 p,则 r;

如果 q,则 r;

p 或 q

∴ r

这种二难推理的逻辑形式被叫做简单构成式。它的特点是:选言前提的两个选言肢分别肯定两个假言前提的不同前件,结论肯定两个假言前提的共同后件。其所以称"简单",是因为其结论是一个简单判断(性质判断)。这里"简单"是与"复杂"相对而言的,怎样才算"复杂"呢?假若其结论是复合判断中的选言判断,就可称"复杂"了。其所以称"构成",是因为它在推理过程中运用了充分条件假言推理的肯定前件式,由肯定两个假言前提的前件而到肯定它们的后件。这里,"构成"是与"破斥"相对而言的。那么,怎样才算得上"破斥"呢?如果在推理过程中运用了充分条件假言推理的否定后件式,由否定两个假言前提的两个后件而到否定它们的前件,这样,就可称"破斥"了。

通过以上的分析,我们可以看出,二难推理的逻辑形式,根据结论是简单的性质判断,还是复合的选言判断,有简单式与复杂式之分;根据是运用了充分条件假言推理的肯定前件式还是否定后件式,又有构成式与破斥式之分。以上各式相互交叉,故二难推理共有四种逻辑形式：简单构成式、复杂构成式、简单破斥式、复杂破斥式。

我们除将简单构成式外的其余三种二难推理的特点及其公式写在下面：

1. 复杂构成式

特点，选言前提的两个选言肢分别肯定两个假言前提的不同前件，结论的两个选言肢分别肯定两个假言前提的不同后件。

公式：如果 p，则 r；

如果 q，则 s；

p 或者 q

∴r 或者 s.

2. 简单破斥式

特点：选言前提的两个选言肢分别否定两个假言前提的不同后件，结论否定两个假言前提的共同前件。

公式：如果 p，则 q；

如果 p，则 r；

非 q 或者非 r

∴非 p。

3. 复杂破斥式

特点：选言前提的两个选言肢分别否定两个假言前提的不同后件，结论的两个选言肢分别否定两个假言前提的不同前件。

公式：如果 p，则 r；

如果 q，则 s；

非 r 或者非 s；

∴非 p 或者非 q。

下面,让我们再来分析几个包含二难推理的笑话或幽默实例:

不 死 酒

有人向汉武帝献不死酒,被东方朔偷去喝掉了。汉武帝大怒,要杀东方朔。

东方朔对汉武帝说:"我喝的是不死酒。你如果杀我,必定不会被杀死,如果我被杀死了,可见不死酒是不灵验的。"

汉武帝听完笑了起来,饶恕了东方朔。

这里,东方朔对汉武帝所说的话可以整理表达为一个二难推理:

如果这酒真能使人不死,那么你就杀不死我;

如果你真把我杀死了,那么就说明这酒不灵验,是大王你受骗了;

或者这酒真能使人不死,或者你真把我杀死;

所以,或者你杀不死我,或者说明这酒不灵验,大王你受骗了。

东方朔的这一推理是二难推理的复杂构成式。它的结论使得汉武帝左右为难。要么他杀不死东方朔,要么就是虽然杀死了东方朔,但这同时表明了不死酒并不能使人不死,从而表明他自己被人欺骗了。堂堂皇帝,居然受骗,这毕竟不是光彩的事啊。于是,汉武帝在这左右为难之际,就只好饶恕了东方朔。

东方朔也就这样靠运用二难推理而救了他自己的命。

买 喇 叭

"爸爸,给我买个喇叭。"小约翰向父亲说。

"可是你乱吹一通,我就无法工作了。"

"不,爸爸,我只是在你睡觉的时候吹。"

小约翰以为保证不在爸爸工作时吹喇叭,而在爸爸睡觉时吹喇叭,爸爸就会同意给他买喇叭了。这种想法天真而可笑。听了他这个保证后,爸爸当然更不会同意给他买喇叭了。为什么呢?分析整个幽默。我们就可以从中找出一个爸爸所作的二难推理:

如果要买喇叭,就不能在我工作时候乱吹;

如果要买喇叭,就不能在我睡觉时乱吹;

你或者要在我工作时乱吹,或者要在我睡觉时乱吹;

所以,不能给你买喇叭。

这是一个二难推理的简单破斥式。这一推理的前提说明了不给小约翰买喇叭的原因,而其结论就明确告诉小约翰:爸爸不能给他买喇叭。

有一则题为《这秤盘上的要么不是肉,要么不是猫》的阿拉伯笑话:

一天,朱哈买了三斤肉回家,他放下肉就出门办事去了。

他的妻子和女友们在家里聊天,顺便就把这三斤肉招待了客人。

朱哈晚上回家吃饭,发现桌上摆着麦片粥。于是问道:"我买回来的肉呢?"

妻子说:"肉在猫肚子里放着呢!"

朱哈立即把猫儿捉过来放在天平上称,刚好三斤。于是,他回过头对妻子说道:"我的贤妻呀,你瞧,刚好三斤!要是我那三斤肉还在的话,那秤盘上的东西就不是一只猫;要是我们的猫还在的话,那秤盘上的东西就不是三斤肉。你说说看,这秤盘上的东西究竟是我家的猫儿呢,还是我买的那三斤肉?"机智的朱哈把妻子问得左右为难,无以对答,只得哑口无言。

这里朱哈运用了一个二难推理的复杂破斥式,可整理为典型的逻辑语言表达如下:

> 如果秤盘上的东西是我家的猫,那么我那三斤肉就不在了;
>
> 如果秤盘上的东西是我那三斤肉,那么我家的猫就不在了;
>
> 或者是我那三斤肉还在,或者是我家的猫还在;
>
> 所以,天平上的东西或者不是我家的猫;或者不是我那三斤肉。

为了保证一个二难推理正确,需要遵守两方面的规则:

一是使推理形式正确的规则。由于二难推理是假言、选言推理的综合运用,故应遵守假言、选言推理的规则。

二是使推理前提(假言和选言前提)真实的规则:

① 假言前提的前件必须是后件的充分条件;

② 选言前提的肢判断必须穷尽一切可能。

请看以下一则可以当作幽默看待的寓言:

埃及妇女与鳄鱼

有位埃及妇女看到她的孩子被鳄鱼抓住,于是求鳄鱼把孩子归还给她。鳄鱼说:"如果你猜对我的心思,我就把孩子还给你。"妇女说:"我猜你不想把孩子还给我。"鳄鱼说:"如果你猜的对,则根据你说话的内容,我把孩子归还给你。如果你猜的不对,则根据约定的条件,我不把孩子归还给你。你或者猜的对,或者猜的不对。所以,我都不把孩子归还给你。"妇女采用"以子之矛攻子之盾"的方法,说:"如果我猜的对,则根据约定条件,你应该把孩子归还给我。如果我猜的不对,则根据我说话的内容,你应把孩子归还给我。我或者猜的对,或者猜的不对。所以,你应把孩子归还给我。"

这则幽默包含了两个二难推理。

(1) 鳄鱼的推理：

如果你猜的对，则根据你说话的内容，我不把孩子归还给你；

如果你猜的不对，则根据约定的条件，我不把孩子归还给你；

你或者猜的对，或者猜的不对；

所以，我都不把孩子归还给你。

这是二难推理的简单构成式。其推理的第一个假言前提"如果你猜的对，则根据你说话的内容，我不把孩子归还给你"是个假判断，因为，如果妇女"猜的对"，根据鳄鱼事先的约定，鳄鱼就该把孩子归还给埃及妇女。如果不以事先的约定为根据，而以"妇人说话的内容"为根据，就会使得以此为根据的鳄鱼的第一个假言前提的前后件之间没有充分条件联系。这样，就违反了二难推理使前提真实的规则①。

(2) 埃及妇女的推理：

如果我猜的对，则根据约定的条件，你应该把孩子归还给我；

如果我猜的不对，则根据我说话的内容，你应该把孩子归还给我；

我或者猜的对，或者猜的不对；

所以，你都该把孩子归还给我。

这也是一个二难推理的简单构成式。其推理的第二个假言前提"如果我猜的不对，则根据说话的内容，你应该把孩子归还给我"也同样由于前后件之间无充分条件联系而导致该假言前提虚假，从而,违反二难推理使前提真实的规则①。

不过,从总体来看,这则寓言中,那位埃及妇女是通过构造一个形式与对方相同的错误二难推理,以此来反驳对方的观点。她在此使用的反驳方法就是我们将在五十四题中要讲的归谬法。

再看下面一则笑话:

竹 竿 进 城

从前,鲁国有个人,手里拿了根长竹竿,要进城去。起先,他竖着拿,城门矮进不去,后来,他横着拿,城门窄还是进不去。

正急得没法的时候,来了一个老头,他捋捋胡须,指点说:

"你这个人太笨了,我虽然不是圣人,但是,见过的事多了,你为什么不把这长竿锯成两截拿进城去呢?"

拿竹竿的听了他的话,把竹竿锯成两截,拿进城去了。

拿竹竿进城的人固然可笑,而那位自作聪明去指导别人的老头则同样荒唐。他们的思维过程中都包含了如下错误的二难推理:

如果竹竿竖着拿,则因城门矮进不去;

如果竹竿横着拿,则因城门窄还是进不去;

竹竿或者竖着拿,或者横着拿;
_____

总之竹竿进不去(只有把竹竿锯成两截才能拿进城去)。

这也是个二难推理的简单构成式。很明显,它违反了二难推理使前提真实的规则②,犯了选言前提的肢判断不穷尽的错误,在其选言前提中,漏掉了"顺着拿"这个选言肢。

四十四

"聪明"·"名字的意义"

——不完全归纳推理

聪　明

"大夫,给我开一些药丸,让我吃了可以聪明一些。"一个病人对医生这样说。医生就给他开了些药。一星期后他又到医生那里,抱怨说:"我把这些药丸都吃了,可是我并没有聪明起来。""你再拿点药,继续吃下去。一星期后你再来一次。"医生说。

就这样,一连好几个星期,医生都给他开了同样的药。

最后,这个病人来提意见了:"我服药这么长时间了怎么还是老样子,并没有聪明一些,大概您给我开的是一些假药吧?"

"你已经变得聪明些了。"医生对这个病人说。

医生为什么说这位病人"已经变得聪明些了"呢? 这里面包含了怎样的逻辑道理呢?

对于第一个问题,不需要进行多少分析就能回答:医生之所以认为病人"已经变得聪明些了",是因为这个病人总算是得出了"大概您给我开的是一些假药吧"的结论。

这里,我们要着重分析的是第二个问题。

那么,这个病人是怎样得出这一结论的呢? 可以看出,他是通

过如下的推理过程而得出结论的:

医生给我开的第一次药,吃了它并没有使我变得聪明
起来;

医生给我开的第二次药,吃了它也没有使我变得聪明
起来;

医生给我开的第三次药,吃了它还是没有使我变得聪明
起来;

……

"第一次"、"第二次"、"第三次"是医生给我开药的部分次
数。但在这几次我吃了这些药后,都没有使我变得聪明一些,
从未出现过与此相反的情况。

所以,大概医生给我开的是一些假药吧。

这个推理跟以前我们讲过的那些推理不一样。我们以前讲到
的都是演绎推理,即从一般性前提推出特殊性结论的推理,并且这
种推理只要前提真实,并遵守了推理规则,那么其结论总是必然性
的。可是这个推理恰恰相反,它是由特殊性或个别性前提推出一
般性结论的推理。而且,在前提和结论之间,其联系并不是必然性
的,它只具有或然性。你看,这个推理的结论中不是有"大概"这样
带有推测性质的语词么?

我们把从特殊性或个别性前提推出一般性结论的推理叫做归
纳推理。

归纳推理又可以根据前提是否涉及一类事物的所有对象,分
为完全归纳推理和不完全归纳推理。

以上推理就是不完全归纳推理的一种——简单枚举归纳
推理。

所谓简单枚举归纳推理就是根据某类对象的部分分子具有某种属性，而未见相反情况，从而推出该类对象的全体都具有某种属性的不完全归纳推理。

我们用 S 表示一类事物(如上例中医生可能开的全部所谓"能使人聪明的药")，用 S_1、S_2、S_3 分别表示这类事物中的任一个分子，(如上例中的医生所开的"第一次药"、"第二次药"、"第三次药")用 S_n 表示这类事物的若干分子(如上例中的医生所开的第 n 次药)，用 p 表示 S 类事物所具有的某种属性(如上例中的"没有使我变得聪明起来"这种属性。)那么，简单枚举法的公式如下：

S_1 是 P

S_2 是 P

S_3 是 P

……

S_n 是 P

S_1、S_2、S_3，……S_n 是 S 类事物的部分分子，在简单枚举中，未见相反情况

∴S 是 P。

前面已提到过，简单枚举归纳推理的结论具有或然性，即是说，不一定正确。

请看以下幽默：

看　病

米勒先生到医院看病，他嗓子疼，大夫给他作了细致的检查。检查完毕，大夫说，"你的扁桃腺发炎了，最好把它切除。"手术后不久米勒恢复了健康，可是，过了半年他的腹部又疼了，而且总是在同一个地方疼，只好再找大夫。"你的盲肠发

炎了,必须把它切除!"大夫说。米勒又作了手术,把盲肠切除了。

几个月以后,米勒又来找大夫了,大夫问道:"米勒你又怎么了? 哪儿不舒服?"米勒鼓足了勇气说:"大夫,您知道吗? 我都不敢对您说,我头疼!"

米勒先生的嗓子疼,动了手术;肚子疼,也动了手术。他从这些个别性前提出发,推出了一个一般性结论:人体的哪一部位疼,就需要在那一部位动手术。正因为如此,当他头疼找医生时,才被吓得差点不敢说出他"头疼"的病情来。

米勒先生关于"人体的哪一部位疼,就需要在那一部位动手术"的结论就是运用简单枚举法推理得出来的。可是,这一结论显然是荒唐可笑的。这就充分说明了这种推理具有或然性。

人们为了提高简单枚举法推理结论的可靠性,制定了如下三条规则:

第一,作为前提的事例数量越多越好。

第二,所考察事例涉及的范围越广越好。

第三,要注意收集反面事例,在枚举前提时,只要有一例相反情况,就不能得出结论。

违反这些规则的要求,就有可能犯"以偏概全"的逻辑错误。

以上幽默中的那位米勒先生就犯了"以偏概全"的逻辑错误。

有一则幽默故意制造一个犯有以偏概全错误的简单枚举归纳推理来对某些电影表现手法的千篇一律进行讽刺。让我来欣赏这则幽默吧:

妙　计

老王:"我建议,把咱们厂迁到海边去!"

老张:"为什么?"

老王:"因为咱们厂有思想问题的人太多了。你常看电影吗?"

老张:"常看。"

老王:"有思想问题的人往海边一走不就都解决问题了吗?"

这则幽默所揭示的一个犯有以偏概全错误的简单枚举归纳推理如下:

某甲有思想问题往海边一走就解决了;

某乙有思想问题往海边一走也解决了;

……

_____某丁有思想问题往海边一走也解决了。_____

由此可见,任何人有思想问题只要往海边一走就解决了。

有时候,当人们有某种思想问题,往海边一走,散散心,是可能解决问题的,但如果推而广之,认为任何人的任何思想问题往海边一走都能解决,这就十分荒唐可笑了。

当一部电影在特定情况下展现出某角色因某种思想问题不通,他往海边一走,通过"散心"后,解决了问题,这未尝不可,但如果电影的编导以此作为一种解决思想问题的方法模式,当然也就显得非常可笑了。

善意讽喻某些影视编导所犯以偏概全逻辑错误的幽默实例不少,例如:

特 殊 照 顾

甲:听说你们陶瓷厂奖金很多。

乙:是的,因为近几年常有人照顾我们的生意。

甲：谁？

乙：影视界的朋友呗！你没看到：如今影视里，人物一动感情就爱摔碗。

下面，让我们欣赏一则带有童真情趣的，故意通过制造包含"以偏概全"错误的推理来达到讽刺幽默效果的笑话：

爸 爸 怕 谁

姨姨："小宝，告诉姨姨，你爸爸在家最怕谁?"

小宝："最怕纪伯伯。"

妈妈："咱家哪有纪伯伯?"

小宝："有的，每次给咱家送礼的人一走，爸爸总是说：'快把东西藏起来，别让纪委知道了'。"

小宝称纪委为纪伯伯，运用了如下简单枚举推理：

张×称张伯伯，

李×称李伯伯，

王×称王伯伯

……

赵×称赵伯伯

所以，纪委称纪伯伯。

小宝的推理当然会逗得你哈哈大笑。而这笑声中所包含的则显然是对爸爸"不正之风"的辛辣讽刺。

下面，请欣赏一则印度幽默故事：

名 字 的 意 义

有个名叫巴伯格（意为"恶棍"）的学生。一次，老师在讲学，突然发觉巴伯格没有专心听讲，好像有什么心事似的。于是便问道："喂，巴伯格！你为什么不专心听讲呀?"

巴伯格回答说："是的,老师! 我正在为自己的名字苦恼。因为一听我的名字,人们便会认为我是个恶棍,所以,当人们叫我时,我就感到很不舒服。本来嘛,我明明是个好人,为啥叫我巴伯格呢?"

老师沉思了一会儿,说:"那么好吧,你可以到全国各地走走,如果见到有你觉得好听的名字,你也可以改个名字嘛。"

于是巴伯格动身周游全国去了。他刚刚穿过一个林子,就遇到一群送葬的人,上前一问,是个名叫"永生"的人死了。

巴伯格感到奇怪,便问:"怎么,叫'永生'的人也会死吗?"

站在他身旁的一个人答道,"无论是叫'永生'也好,还是叫'死亡'也好,人总是要死的。"

巴伯格听了这话,又上路走了。他来到一个大城市,看到一个男人在打老婆,便问道:"这是什么人?"

有人告诉他,这男人叫"和善",女的叫"财女";男的脾气很坏,可怜的妻子由于贫穷,不知日子如何过是好。因此两口子经常吵嘴打架。

巴伯格不解地问:"叫'和善'的为啥这么粗暴? 叫'财女'的怎么这么贫穷?"那人瞥了他一眼,说:"你真是傻瓜!"

巴伯格继续朝前走。路上,一个行人向他问路,巴伯格告诉了他,于是,两个人相识了。那人告诉他,他的名字叫"识途"。巴伯格一听怔住了,便惊奇地问道:"真怪,怎么'识途'也要问路!"

听了巴伯格的问话,"识途"以为他是个傻子,匆匆走开了。

当巴伯格途经一个小镇时,忽听有两个人在对话:"喂'花子'！这次经营小麦,你赚了不少吧?""不多,总共也不过百八十万吧!"

巴伯格一听又沉思起来:"叫'花子'的人,怎么成为百万富翁了呢?"

最后,巴伯格回到了老师身边。他说:"老师,我看到了'永生'之死,'和善'粗暴,'财女'贫穷,'识途'迷路和叫'花子'的人是百万富翁。现在,我懂了,凡事在于行,而不在于名。所以,我没有必要改名字了。"

这则幽默故事中包含了巴伯格所作如下推理:

"永生"之死说明名与实不是一回事;

"和善"粗暴说明名与实不是一回事;

"财女"贫穷说明名与实不是一回事;

"识途"迷路说明名与实不是一回事;

…………

"花子"富翁说明名与实不是一回事;

以上是名实不一的部分情况,其原因在于:"凡事在于行,而不在于名"。

所以,任何名都与实不是一回事(我没有必要改名字了)。

这一推理与本题其余推理(简单枚举归纳推理)的相同点在于:

1. 都属于不完全归纳推理;

2. 前提中都只是考察了同类事物的部分对象;

3. 结论都对同类事物作了一致断定,其断定均超出了前提范围。

其不同点在于:

1. 本题其余推理是依据某种属性在同类部分对象中的不断重复,没有遇到反例;这一推理,是根据部分对象与其属性之间具有某种因果联系。

2. 结论的可靠性程度不同。虽然二者的前提和结论间的联系是或然的,但是这一推理考察了一类事物部分对象与其属性之间因果联系的必然性,因而其结论比简单枚举归纳推理的结论可靠性程度大。

3. 前提的数量多少对于结论的意义不同。对于简单枚举归纳推理来说,前提中所考察的对象数量越多,结论就越可靠;但对于这一归纳推理来说,前提的数量不起重要作用。

如同这一推理的不完全归纳推理名为:科学归纳推理。

科学归纳推理是简单枚举推理的发展。它们之间的区别是相对的,并非十分严格。有的逻辑教科书甚至在讲不完全归纳推理时,只讲简单枚举归纳推理,回避科学归纳推理的提法。

四十五

"两个不行"·"都是甜的"

——完全归纳推理

两 个 不 行

朋友两人,乙一直认为自己很了不起,一天,两人碰在一起。

甲:你干什么都很能干,只有两个不行。

乙:(脸上颇有喜色)哪两个不行?

甲:干这不行,干那也不行。

乙:(目瞪口呆地)……

在这则笑话中,甲对乙的讽刺虽说有些夸张的色彩,但对其"自以为了不起"的痼疾来说,倒可谓一剂良药。

当甲说出"干这不行,干那也不行"的时候,人人听了都会捧腹大笑,特别是患有"自以为了不起"这种疾病的人们,也许会在这笑声中猛醒,从而收到"药到病除"的功效。难怪有人说:"笑也能治病。"

在这则笑话中,甲的"你干什么都很能干"从修辞上讲,是一句反语,意思是说:你干什么都不行。

从逻辑上讲,甲的"你干什么都不行"这一结论是通过以下归纳推理得出来的:

你干这不行;

你干那不行;

_____("这"和"那"是你可能干的全部事情)_____

所以,你干什么都不行。

这一归纳推理虽说跟我们在第四十三题中所涉及的归纳推理一样,都是由特殊性的前提得出一般性结论的推理,但是,又与它们有着显著的不同,这就是:前面那些推理的前提并未穷尽一类事物的所有分子,而这一推理的前提则涉及了一类事物的所有分子。我们把这种归纳推理叫做完全归纳推理。

完全归纳推理是由一类对象的每个分子都具有某种属性,而推知该类对象都具有某种属性的推理。

完全归纳推理的公式:

S_1 是 P

S_2 是 P

S_3 是 P

······

S_n 是 P

_____S_1、S_2、S_3,···S_n 是 S 类的所有分子。_____

∴S 是 P。

运用完全归纳推理有两个要求:

(1)每一个前提必须真实;

(2)必须对一类对象的每个分子进行考察,不能遗漏。

值得注意的是,正因为完全归纳推理要求对某类事物的所有分子作无一遗漏的考察,所以它的运用是有局限的。它不适用于考察由无限众多的分子组成的类以及由相当多的分子组成的类的情况。这时,我们就只能运用不完全归纳推理了。

同时,在一些场合下,一类事物的分子尽管不太多,但也不必要或者不允许对之进行全面考察,这时,也不能运用完全归纳推理。

请看以下笑话:

好划的火柴

爷爷:"明明,火柴买来了吗?"

明明:"买来了,爷爷。"

爷爷:"火柴好划吧?"

明明:"每根都好划,一划就着,我一根一根都试过了。"

明明的所为一定会使他的爷爷被弄得哭笑不得。显然,明明正是在不该使用完全归纳推理的时候使用了完全归纳推理。

有时候,虽说无论用完全归纳推理还是用简单枚举法归纳推理,都能一样得到正确的结论,但是其中有个繁简问题,快慢问题,聪明与不聪明的问题。

让我们欣赏下面一则笑话故事吧!

看谁更聪明

一位师傅,带了两个徒弟。这两个徒弟,向师傅学手艺都很用心,又都一样手巧。有一天,师傅想考考这两个徒弟,看看哪一个更聪明点儿。于是,他把两个徒弟叫到面前说:"给你俩人每人一箩花生,看看每一粒花生是不是都有粉衣包着花生仁? 你俩回去就剥开花生的皮去看,看谁能先回答我的问题。"

大徒弟听了,为了争取时间,二话没有说,端起一箩花生就往家里跑。到家连饭也顾不得吃,就急忙剥起来,急得出了满头大汗。

二徒弟听了师傅的话,没有像师兄那样着急,他不慌不忙地端着一箩花生回家。他并不急忙动手剥花生,而是先对着花生端详了一回,思索了一下,然后伸手拣了几个肥大的,拣了几个瘦小的,拣了几个熟的,又拣了几个没熟的,总共不过一把花生。然后,他把这几种不同类型的花生剥去了皮,发现不论肥大的,瘦小的,熟好的,没熟好的,都毫无例外地有粉衣包着花生仁。于是,他笑滋滋地自言自语道:"用不着全剥了,所有的花生都有粉衣包着花生仁。"

大徒弟怕师弟赶过自己,就打发妻子去打听消息。妻子回来说:他只剥了二三十个,就没有再剥了。"大徒弟听了,心里高兴地说:"这下子我准能考第一了。"于是就更加起劲地剥起来。从早剥到晚,一直剥了一整天,大徒弟总算把一箩花生剥完了。这才松了口气,伸了个懒腰,自言自语地说:"每一个花生都有粉衣包着花生仁。"于是,急忙去向师傅报告。可是,到师傅那儿一看,师弟早就在那里报告了与他的结论完全相同的结论。

通过这个笑话故事,大家可以非常清楚地看出,二徒弟比大徒弟更聪明。而二徒弟的聪明之处正在于他恰到好处地运用了简单枚举归纳推理。同时,我们也可以非常清楚地看出,大徒弟的可笑之处,也正在于该用简单枚举归纳推理时,却去运用了完全归纳推理。

当然,我们决不能由此得出结论说,在任何时候,运用简单枚举归纳推理都比运用完全归纳推理要好。究竟该用这两种推理中的哪一种,是要由其具体的不同场合来确定。

如果该用完全归纳推理而不用完全归纳推理时,也可能闹笑话。

例如:

试　用

甲:听说咱们局长对我局下属各工厂生产的不论什么新

产品都要先试用试用。

　　乙：是哇,这是他的老习惯了。我们局下属有三十五个厂:哪个厂的新产品他都要试用的。

　　甲：就这一样他不敢试用!

　　乙：没有的事,他什么都要试用!

　　甲：就这一样他不敢试!

　　乙：你们厂生产什么新产品啦?

　　甲：骨灰盒!

　　迄今为止某局下属工厂所生产的新产品的种类是可以计数的。只有在所有的新产品某局长都分别一一试过了时,我们才得出结论说,这些新产品他都全部试过了。只要有一样他没试过、或者不敢试,我们都不能得出一般性结论。这里,非用完全归纳推理不可。

　　不过,这一则笑话是采用故意违反完全归纳推理要求的手法来对那位作风不正的局长进行讽刺的。

　　这则笑话在故意制造了一个违反完全归纳推理要求的推理后,紧接着又指出了这一推理违反了"必须对一类对象的每个分子进行考察,不能遗漏"这一要求,说明漏掉了一个分子——骨灰盒。正是这个分子不具有"他可以试用"这种属性。所以说,"这些新产品他都要全部试过"的结论是不对的!这说明:如果要得出这个结论,必须正确运用完全归纳推理,而当违反完全归纳推理的上述要求时,实际上这一推理本身的性质就变为不完全归纳推理的简单枚举推理了。

　　最后,请大家再欣赏一则笑话:

都 是 甜 的

　　主人让仆人去果园里买苹果,临走之前,主人还一再叮嘱:"你要买甜的来,不甜的不要!"仆人到了果园里,就拣起苹果来。他挑一个苹果,就咬一口尝尝,一个也没有放过。他买好苹果,回到家,把篮子往桌子上一放,对主人说道:"请吃吧,个个都是甜的!"

这则笑话跟前面所用到的笑话《好划的火柴》实有异曲同工之妙。其可笑的逻辑基础都在于在不该用完全归纳推理时却运用了完全归纳推理。如果说,明明的可笑,因其是个孩子,故带给读者的主要是童真的情趣的话,那么这位仆人的可笑,则因其已是成人,故他显示在读者面前的就是一种痴呆性的愚蠢了。

有时候,算命先生也很会正确地运用完全归纳推理,这正是有些人认为某算命先生"算得准"的原因之一。请看幽默:

算 命 先 生

四位考生想知道考试成绩如何就去找算命先生。那先生答复时只伸出一个手指,不说一句话。不久揭晓了,那四位考生只有一位及格。有人问他为什么算得这么准。

"很简单",他说,"如果两位及格,一个手指就是一半及格;三位及格,一个手指就是说一个不及格;如果全及格,就是说一个也没有名落孙山;如果全不及格,一个手指的意思就是一个也没有及格。"

以上,算命先生的"一个手指"完全归纳了四位考生可能出现的全部成绩结果情况,无一遗漏。应该说,这种算命先生的逻辑对那些迷信的人来说,也确有一种特殊的力量。而我们对此,则只能在表明其合乎逻辑的同时"幽他一默"了。

四十六

"争先恐后"·"小王的答案"

——因果联系

争 先 恐 后

有架客机在印度南部一个小机场降落,着陆时似乎擦过椰树梢。

飞机一停下来,许多人都争先恐后往外冲。有个乘客问一位空姐:

"他们为什么这样匆忙?"

"先下飞机",空姐说,"可以捡到椰子。"

那位空姐对乘客的回答很有幽默感。她以沉着的应变态度故意不说出"乘客中的许多人争先恐后往外冲"与"飞机着陆时似乎擦过椰树梢"之间的因果联系。

所谓因果联系是外界现象间互相联系的一种形式。如果某个现象的存在必然引起另一现象的发生,那么这两个现象间就有因果联系。其中,某一现象叫原因,另一现象叫结果。

在"争先恐后"这则幽默中,显然,"飞机着陆时似乎擦过椰树梢"是"飞机一停下来后,许多人都争先恐后往外冲"的原因。而那位空姐则故意将其原因说成是"先下飞机,可以捡到椰子"。这里的幽默意味几乎是令人赞赏的!

先有原因,后有结果。时间上前后相继是因果联系的重要特征。如果忽视这一特征,就可能出"笑话"。

请看题为《真有本事》的幽默:

> 新婚夫妇度蜜月,在海滨散步时,新郎一时兴起,对着波涛翻滚的大海吟诵拜伦的名句:"翻滚啊,你这深邃而碧绿的海洋,翻吧!"新娘对海凝视了一会,转过身来,无限仰慕地对丈夫说:"你真有本事! 看,海浪真的翻起来了!"

在此,新娘出于对丈夫的爱恋,似乎忽视了"时间上前后相继"这一因果联系的重要特征。明明是"先有原因",她却把在"海浪翻滚"而后才发生的丈夫吟诵之事说成是原因,明明是"后有结果",他却把先于丈夫吟诵的"海浪翻滚"说成是由丈夫吟诵而引起的结果!

不过,我们也可以将新娘的话理解为故意忽视"时间上前后相继"这一因果联系的重要特征。这种幽默中的故意使新婚的爱情更增甜蜜。

虽然时间上前后相继是因果联系的一个重要特征,但并不是唯一特征。因此,我们可以说,凡因果联系都必须是在时间上前后相继的,但决不能倒过来说成,凡在时间上前后相继的现象间都一定有因果联系。如果把时间上前后相继等同于因果联系,就会犯"以先后为因果"的逻辑错误。

请看如下幽默:

小 王 的 答 案

> 一次物理测验,同学们还在低头琢磨题意时,小王已很快写出了第一题的答案:
>
> 问:为什么在打雷时,我们总是先看到闪电,后听到雷声?
>
> 答:因为是闪电引起雷声,闪电是雷声的原因。

显然,小王的答案犯了"以先后为因果的逻辑错误"。

四十七

"适得其反"·"好的建议"
——共变法

英国逻辑学家穆勒,曾经在总结前人研究成果的基础上,制定出了五种确定现象间因果联系的逻辑方法,后人称之为穆勒五法。这五种确定因果联系的方法是:求同法,差异法,求同差异并用法,共变法,剩余法。

这里,我们只结合几则笑话幽默实例讲述穆勒五法中的一法——共变法。

请看以下幽默:

租　　房

一个游客来到一座幽美的度假别墅,问接待处的人:"你们的房租多少钱?"

接待处的人回答:"一楼一天五十元,二楼一天四十元,三楼一天三十元。"

游客摇了摇头,转身便走。

"你不租了吗?"接待处的人忙问,"是否觉得我们这里不够好?"

"不,"游客回答,"只是觉得你们这楼房还不够高。"

从游客最后说的那句话,我们可以看出这位游客通过接待处的人的回答发现了在"旅馆的楼的层数"与"房租的价钱"之间具有因果联系。这种联系在于,房租的价钱随楼的层数的增高而降低。即是说,楼的层数愈高,房租的价钱愈低。也就是说,这位游客找到了房租多少的原因在于楼层的高低。

在此,这位游客运用了共变法。

共变法的内容是:在其他情况不变时,某一情况的变化使某一现象也随之变化,就可知道这一情况是这一现象变化的原因。

那么,这位游客值得幽默,其因何在呢?原来,在许多共变过程中,某一情况的变化使某一现象也随之变化这种现象,是有一个合适的限度的。在这一合适限度内,共变现象存在,而超过了限度,其共变现象就不再存在。如施肥和增产之间具有共变关系,施肥多,增产多,但如果超过了合适的限度,施肥太多了,就非但不能增产,甚至会把庄稼烧死。

这位游客之所以可笑,就因为他不懂得房租的价钱随楼层的增高而下降是有其合适限度的,超过了限度,房租就不会再降,如果继续降下去:四楼一天二十元,五楼一天十元,六楼一天岂不就不要钱了,这怎么可能呢?然而,这正是那位游客所向往的事情啊,所以他才说出了"只是觉得你这楼房还不够高"的话。

再看一则幽默:

适 得 其 反

"这次算术考试得了多少分?"

"三分。"

话音刚落,啪!啪!啪!小明的屁股上挨了爸爸的三鞋底子。

"下次再考,得多少分?"

"下次我一分也不要了"。

儿子算术得了三分,屁股上就挨了爸爸三鞋底子。这么一来,使得孩子误以为分数的多少与挨打次数的多少之间具有共变关系。分数愈多,挨鞋底子的次数也就愈多,于是,儿子就干脆"一分也不要了"。

这是对父亲教子方法的幽默讽刺。

共变法是以因果联系的量的确定性作为客观基础的。正确运用共变法有助于我们揭示事物间量的变化规律,从而更深刻地认识事物。

请看以下幽默:

好 的 建 议

一个不很有名的短篇小说作家对一位短篇小说大师说:"很奇怪,我能够在一星期内写完一个短篇,但要把它出版,我得整整等上一年。"

"这并没有什么奇怪,"大师说,"应该颠倒过来做:用整整一年的时间来创作一个短篇,那么,你就能在一星期内看到它出版了。"

在其他情况不变的条件下,谁的功夫花得越多,对作品越是精雕细刻,谁的作品质量就越高,也就越容易早日出版。反之,谁的作品功夫花得越少,越是粗制滥造,谁的作品质量就越低,也就越不容易及时出版。这就是"作品质量高低"与"是否能早日出版"之间的共变规律。这则幽默中的短篇小说大师恰到好处地揭示了这一规律,从而判明了所花功夫多少与作品质量高低之间的因果联系。这也就使我们对那位不很有名的短篇小说作家的一星期写完一个短篇但要等上一年才能出版这一事物现象有了深刻的认识。

四十八

"王法"·"唱反调"

——类比推理

王　法

　　齐国的邾石父,因为谋反叛乱,被齐宣王杀掉了,宣王还准备连坐杀尽他的全族。邾石父的族人很多,大家聚在一起商量办法。有人提出:别人的话,齐宣王是听不进去的,只有艾子机智聪明,很受齐宣王的信任,咱们都去求艾子吧!

　　于是,全族的人都来求艾子。艾子笑着说:"这事不难,你们去给我找根绳子来,马上就可以免掉灾祸!"

　　大家都以为艾子在开玩笑,但谁也不好深问,只好依艾子的话,找了根绳子来。

　　艾子把绳子揣在怀里,去见齐宣王。他对齐宣王说:"邾石父这个人,包藏祸心,谋反叛乱,大王你把他当众杀掉,是完全应该的。不过,干这坏事的只是邾石父自己,他的族人没有参与,没有罪过,大王你要把全族的人斩尽杀绝,这能说是仁德的君王所应当做的吗?"

　　齐宣王回答说:"这不是我本人的意思,是前辈君王定下来的法律明确规定的。《政典》里就有这样的话:凡与叛乱同宗族的人,都必须杀掉,不得赦免!"

　　艾子点头说:"我也知道大王是出于不得已的! 请听我再

说两句：过去公子巫曾经以邯郸这地方去投降秦国，公子巫也是大王的至亲，大王也就成了叛臣的宗族了，按照前辈君王定下的法律，大王也该被连坐问罪。现在我带了根绳子在这里，交给大王，请大王今天就处决自己，免得有损前辈君王定下的法律。"

齐宣王听了笑着站起来说："艾先生，你不用再说了，我这就赦免他们就是了！"

在这则笑话故事中，艾子凭他的机智聪明救了邾石父的族人的命。

在此，艾子对齐宣王说的话中包含了如下推理：

与大王同宗族的人（公子巫）犯有叛乱罪，按前辈君王定下的法律，大王该被连坐问罪，但大王你并没有问自己的罪；

邾石父犯有叛乱罪，按前辈君王定下的法律，邾石父的族人该被连坐问罪；

所以，大王你一样可以不问邾石父的族人的罪。

这里，艾子根据两个对象（大王本人和邾石父的族人）在一系列属性上相同（都与叛乱者同宗族，按先辈所定的法律，都该连坐），而且，已知其中一个对象还具有其他属性（大王本人还具有"并没有被问罪"的属性），由此推出另一对象（邾石父的族人）也具有同样的其他属性（即不必问罪）的结论。

我们把这种类型的推理叫做类比推理。类比推理同演绎推理与归纳推理都不同，它是一种由个别到个别或由特殊到特殊的推理。

类比推理的公式可表示如下：

A 对象有属性 a、b、c、d

　　　　B 对象有属性 a、b、c

　　∴B 对象也可能有属性 d。

　　从类比推理的公式,我们可以看出,类比推理的结论同简单枚举归纳推理一样,也是或然性的。这就存在一个如何提高类比推理结论可靠性的问题。对此,我们提出提高类比推理结论可靠性的两点要求:

　　(1) 要求类比对象的相同属性列举得尽量多一些。

　　(2) 相同的属性愈本质,则相同属性与类推出来的属性的联系就愈大,结论也愈可靠,故应尽量根据两对象的本质属性的相同来进行类比。

　　如果仅仅根据两个或两类事物表面相似,甚至根据假象进行类比,就会犯"机械类比"的逻辑错误。

　　请看笑话《时圆时缺》:

　　顾客:同志,这块月饼怎么缺了一角?

　　售货员:这有什么奇怪的,月亮不也是时圆时缺吗?

　　亲爱的读者,假若你买月饼时真遇到这种情况的话,你当然会觉得又好气又好笑,同时,谁也听得出来售货员的说法是站不住脚的。但是,如果没有掌握类比推理的逻辑知识,则是很难指出这位售货员的逻辑错误是在何处的。

　　这里,售货员仅依据月饼和月亮这两个不同事物在"缺了一角"这一点上的表面相似,又根据月亮缺角是常见的自然的合理的现象,就推知月饼缺角也是合理现象的结论。

　　很明显,月亮有时缺角是自然规律所表现出来的现象,而月饼缺角却是人为造成的,这二者之间简直是风、马、牛不相及,更谈不上什么本质不本质的问题。其所犯"机械类比"错误,已达到十分荒唐可笑的程度。

有时候,笑话、幽默的创作者故意运用"机械类比"的错误,以达到幽默的效果。

请欣赏如下军旅幽默:

摆 水 果 摊

某国城防司令来检阅军队,他问中尉:"前排的士兵为什么都那么高大、漂亮,而所有矮小,丑陋的士兵都在后排呢?"

中尉毕恭毕敬地行了个军礼:"司令阁下,我原来是摆水果摊的,我总喜欢把味美色鲜的水果摆在前面,把干瘪不中用的摆在后面。"

四十九

"这真是奇妙的逻辑"再分析
——回溯推理

在第四十题中,我们对如下幽默进行过逻辑分析,现将这则幽默以及我们的分析文字全抄如下:

这真是奇妙的逻辑

某国一位大臣在首都遇刺身亡。警方抓到一个名叫冯特的青年,一口咬定他是凶手。于是,在法官与警官之间,展开了一场争论。

法官:"请问,你是怎样断定冯特是凶手的呢?"

警官:"大臣是乘坐敞车驶近银行大厦时遇刺的。据当时在现场的人证明,子弹是从银行大厦三楼射出的。这就是说,只有大臣被刺的时刻在银行大厦三楼逗留过的人,才能作案,而冯特被人证明当时正在银行大厦三楼,所以,冯特是凶手。同时,也可以这样来推论,就是说,只有不作案的人,才不会在大臣被刺的时刻在银行大厦三楼逗留,而冯特恰好在大臣被刺的时刻在银行大厦的三楼逗留,所以,冯特是凶手。"

法官:"真是奇妙的逻辑!"

显然,法官是不同意警官的推论的,所以才讽刺地说"真是奇妙的逻辑"。

现在,我们运用必要条件假言推理的知识来分析警方的推理,看其逻辑是否"奇妙",即是说,看其推理是否错误。如果错误,又错在何处。

在此,警官断定冯特是凶手,他进行了两个必要条件假言推理。

其第一个推理是:

只有大臣被刺时在银行大厦三楼逗留的人才能作案;

冯特是当时在银行大厦三楼逗留的人;

所以,冯特是凶手。

以上推理的公式为:

只有 p,才 q;

$$\underline{\qquad\qquad p \qquad\qquad}$$

∴q

其中,p 表示"大臣被刺时在银行大厦三楼逗留的人";q 表示"能作案(是凶手)"。

这是必要条件假言推理肯定前件式。前面已经分析过,肯定前件式是必要条件假言推理的错误式。可见警方的这一推论是不能成立的。

其第二个推理是:

只有不作案的人,才不会在大臣被刺时在银行大厦三楼逗留;

冯特在大臣被刺时在银行大厦三楼逗留;

所以,冯特是作案的人。

设"不作案的人"为 p,则"作案的人"为非 p;设"不在大臣被刺时在银行大厦三楼逗留"为 q,则"在大臣被刺时在银行大厦三楼逗留"为非 q。以上推理可用公式表达如下：

只有 p，才 q；

非 q；

∴非 p

这是必要条件假言推理的否定后件式，而根据必要条件假言推理的规则"否定后件不能否定前件"，必要条件假言推理的否定后件式是错误式。可见，警方的这一推理仍然是不能成立的。

警方的两个推理都不能成立，却硬要以此咬定冯特是凶手，这当然显得可笑。所以，法官所说"这真实奇妙的逻辑"是言之有理的。

我们在以上分析中强调，法官之所以说警方的两个推理"真是奇妙的逻辑"，是因为警方在破案过程中运用了必要条件假言推理的肯定前件式和否定后件式；而根据必要条件假言推理规则，这两种推理形式都是错误式。

我们知道，必要条件假言推理是必然性推理。那么，如果将这种必然性推理的错误式转换为或然性推理，情况会如何呢？这就进入到本专题要讲明的内容——回溯推理。

回溯推理是一种由果求因的或然性推理。它正是运用了充分条件和必要条件假言推理的无效式即错误式进行的推理。

作为必要条件假言推理的错误式运用于回溯推理就成为正确式，其原因在于，推理的性质由必然变成了或然。作为必要条件假言推理，从肯定前件 p 推出肯定后件 q，是错误的，因为必要条件假言推理有规则"肯定前件不能肯定后件"；而作为回溯推理，是从结果推知原因的可能存在,说的是有 q 则可能有 p,这就正确了。同理,作为必要条件假言推理,从否定后件 q 推出否定前件 p,是错误的;而作为回溯推理,从某一结果的不出现,推知某一原因的可能不存在,则是正确的。

根据充分条件和必要条件的相互转换关系,如果前件是后件的充分条件,则后件就是前件的必要条件,反之亦然。因此,回溯推理的正确式有四种形式:

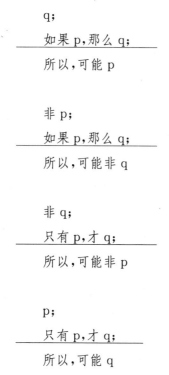

> q;
> ___如果 p,那么 q;___
> 所以,可能 p

> 非 p;
> ___如果 p,那么 q;___
> 所以,可能非 q

> 非 q;
> ___只有 p,才 q;___
> 所以,可能非 p

> p;
> ___只有 p,才 q;___
> 所以,可能 q

根据上述回溯推理的原理,在《这真实奇妙的逻辑》中,如果警官不一口咬定冯特是凶手,只说冯特有可能是凶手,那么,其推理的性质就由错误的必要条件假言推理变成为正确的回溯推理了。

有必要指出,这里讲回溯推理强调了充分条件和必要条件之间的相互转换,其中,也包含原因和结果之间的逻辑换位。而一般逻辑书只从充分条件角度导出回溯推理。为了让大家对回溯推理有进一步了解,以下摘录本人《新编逻辑自修教程》一书中"回溯推理"一节的部分内容,仅供参考:

为了弄清什么是回溯推理,必须首先回顾前面已经学过的充分条件假言推理的部分内容。我们知道,充分条件假言推理是在大前提中首先断定 p 与 q 之间存在充分条件联系:有 p 必有 q,然后根据现实情况,在小前提中指出:有 p,于是得出结论:q 必须出现或存在。这里是从条件即原因推知结果,前提与结果之间的关系是必然的。但是,在现实中,很多时候,只有结果呈现在人们眼前,原因并不知道,怎么办? 固然可以运用求因果五法去推知原因,但那很不够。于是人们想到:充分条件假言推理的"肯定后件式"。我们知道,充分条件假言推理只能由肯定前件推出肯定后件,或者由否定后件推出否定前件,而恰恰不能由肯定后件推出肯定前件。即使说"肯定后件式"是无效式、错误式。那么,是不是此路就完全不通呢? 非也。这个肯定后件式错在哪里? 错在它把不必然当作必然。事实上,有 q,不一定有 p,即可能有 p,可能无 p。如果我们不说有 q 必有 p,而说有 q 可能有 p 呢? 这就对了,于是,我们就可构建出如下推理:

q;

如果 p,那么 q;

所以,可能 p

这一推理,结果不是必然的,因此,作为必然性推理的充分条件假言推理,当然是错误式,但是,作为一种或然性推理,就是正确式。这正是我们要讲的由果溯因的"溯因法"即回溯推理。

可见,回溯推理就是根据充分条件假言推理"肯定后件式"这一无效式中的可利用成分即"有 q 可能有 p"而进行的由果溯因的或然性推理。

比如,你早上起床,打开窗户,看见地上是湿的,就说:昨晚下雨了。

这就是一个回溯推理。由地上湿的结果,结合"如果天下雨,那么地上湿"这一充分条件假言判断,从而推出"昨晚下雨了"这一原因。

回溯推理有简单与复杂之分,故其种类也可分为简单回溯推理与复杂回溯推理。

(一) 简单回溯推理

客观现实的因果关系中,有一因一果的情况,也有多因一果的情况。比如一个人在特定时候,吃了不干净的食物,腹泻,于是你自己就会作出如下回溯推理:

腹泻(结果)

如果吃了不干净的食物,就会腹泻

所以,吃了不干净的食物(原因)。

这就是一个人根据现实生活中一因一果的情况作出的简单回溯推理。

但是,有时候,现实中并非是一因一果的情况,而反映到人的认识中,恰是一因一果,这时候,作出的推理也是简单回溯推理。

比如,在破案工作中,发现某人有作案动机,就可结合"如果一个人作案,那么,他必然有作案动机"推出:某人可能作案。

显然,有作案动机,只是作案的必要条件,它是作案的原因之一,并不是作案的全部原因。作案,除作案动机外,必然同时有其他原因。这是现实中的多因一果,但它反映到认识中来,可能是一因一果,于是,就可作出反映一因一果的简单回溯推理。

某人有作案动机(结果),

如果一个人作案,那么他有作案动机;

所以,某人可能作案。

简单回溯推理的公式(逻辑形式)前面已列出。这一公式还可表示为:

q;

$p \rightarrow q$;

$\therefore \diamondsuit P$。

(二)复杂回溯推理

认识到现实中的多因一果,是复杂回溯推理的根据。据此,可以由选言判断构成的多因为前件,以同样的结果为后件组成充分条件假言判断,结合已知的结果,可以推测这个未知的多因。这就是复杂回溯推理,逻辑形式是:

q

如果 P_1 或 P_2 或 P_3 或 P_s,那么 q;

所以,可能 P_1 或 P_2 或 P_3 或 P_s

也可表示为：

q

$$\frac{(P_1 \lor P_2 \lor P_3 \lor P_S) \to q}{\therefore \Diamond (P_1 \lor P_2 \lor P_3 \lor P_S)}$$

比如：如果有人一早起床发现地上湿了这一结果，就可能作出这样的推理：

地上湿；

如果昨晚下雨，或者洒水车洒了水，或者其他某些原因在
昨晚出现过，那么地上都会湿；

所以，地上湿的原因可能是昨晚天下雨，或者洒水车洒了水，或者其他某些原因。

这是一个典型的复杂回溯推理。

回溯推理在我们的日常思维和工作中有不可替代的作用。尽管在逻辑思维中，有许多由因求果的方法，但现实中也很需要由果溯因，虽然穆勒五法也可由果求因，但不全面、完整，所以需要有一种专门的由果溯因的方法，即回溯推理。事实上，医生诊断疾病，首先知道的是病态（结果），于是需要由病态追溯病因；刑侦人员知道的首先是犯罪现场或犯罪结果，于是就需要运用回溯推理去追溯诸多原因从而破案；在日常生活和工作中，我们都会遇到许多需要寻找原因的结果，都必须运用回溯推理去分析和解决问题。尽管回溯推理的结论是或然的，但我们可以再结合其他思维方式和逻辑形式，排除其或然成分，就可最终得到正确的结论。

五十

"蟠桃献寿"·"谁不认识我"

——同一律的内容和要求

有一则大约是家喻户晓的笑话:

蟠 桃 献 寿

江南才子唐伯虎被邀来到一个富翁家里为其母的生日绘画题诗。他挥毫而就一幅《蟠桃献寿》图后,紧接着信笔题诗,并边写边高声吟诵:

"这个婆娘不是人。"

这第一句吟完,满座宾客皆惊。富翁也做出愤怒至极的样子。"不是人",这还了得,竟敢在母亲寿辰当众辱骂之!但唐伯虎继续高声吟诵第二句:

"九天仙女下凡尘。"

这下四座宾客转惊为喜,富翁也随之喜形于色。谁知第三句:

"儿孙个个都是贼。"

这又使大家惊得发呆,而富翁一家则怒形于色,当他们差点要对唐伯虎下逐客令之际,唐伯虎又高声读完最后一句:

"偷得蟠桃奉至亲。"

这下子,满座宾客赞叹不已,称唐伯虎真不愧是能诗善画的江南第一才子,富翁也顿时对诗画赞不绝口,于是合家欢喜了。

唐伯虎的祝寿诗为何会使得富翁一家以及四座宾客的感情在这么短暂的时间内由惊（怒）到喜，又由喜到惊（怒），最后再由惊（怒）到喜经历了三次大起大落的转化呢？从诗的表达上来看，这首祝寿诗是在"看似离题不离题"的过程中吟诵出来的。从逻辑上讲，我们可以把这种表现手法当作对同一律的巧妙应用，它给人的印象是：看似违反同一律而又没有违反同一律。即是说，它遵守了同一律。

所谓同一律是逻辑学的最根本的规律。

在具体讲同一律之前，我们先概括介绍一下逻辑基本规律的知识。所谓逻辑基本规律是指所有思维的逻辑形式都必须共同遵守的规律，也就是我们在运用概念、形成判断进行推理的整个思维过程中都必须遵守的规律。

我们知道，概念、判断和推理这三种思维形式都各有着一些不同类型的逻辑形式，如判断中的"所有 S 是 P"是一种逻辑形式，"如果 p 则 q"又是一种逻辑形式，"p 或者 q"又是另一种逻辑形式，等等。不同的逻辑形式都具有其自身的特殊规律（规则），比如概念的定义、划分所应遵守的规则，又如三段论的七条规则等等这些都是概念的定义、划分以及三段论这些逻辑形式所各自必须遵守的规律规则。这些规律规则仅适用于它们自身，而并不能适用于其他逻辑形式，它们只在其自身的范围内有效。越出自身范围就无效。比如对当关系的规则，仅在具有相同主谓项的 A、E、I、O 四种性质判断以及相应的四种模态判断间有效，越出这两个范围，就无效。

逻辑基本规律跟以上所说概念、判断、推理的各个逻辑形式的规律规则不同，它普遍适用于各种逻辑形式，它在所有思维形式的所有逻辑形式间都普遍适用、普遍有效。同时，各个思维的逻辑形式的规律或规则都是以逻辑基本规律为依据的。我们所运用的任何逻辑形式，都必须首先遵守逻辑基本规律，即是说，逻辑基本规律是我们的思维所必须遵守的最基本、最起码的规律。如果违反了这些规律，思维的逻辑形式（逻辑结构）就是混乱的、不合逻辑的。

形式逻辑的基本规律有四条：同一律、矛盾律、排中律、充足理由律。

逻辑规律是客观事物规律性的某种反映。形式逻辑基本规律的前三条反映了事物的质的规定性，而充足理由律则是事物的因果联系等必然联系的反映。

任何事物都是不断发展变化的，但是任何事物在发展变化过程中的一定阶段上都有其固定性，即质的规定性。让我们举个笑话实例来说明吧。有一则题为《蛤蟆犯愁》的笑话故事说：

有一次，艾子在海上乘船，晚上，停泊在一个岛边上。半夜里，好像听到水底下有人在哭泣，又好像听到有人在说话。艾子便侧着耳朵去听个仔细。

只听有个声音说："昨天，龙王下令，要把水族里凡有尾巴的都杀掉，我这个龟因长有尾巴怕杀，所以才哭。你是只蛤蟆，又没长尾巴，有啥哭的呢？"

又听一个声音说："我今天虽幸运没长尾巴，可是，害怕他们追查我当初当蝌蚪时候的事呀！"

任何事物都是不断变化的，例如蝌蚪长大了就会变蛤蟆。事物的变化有质变和量变之别，比如，当蝌蚪一旦变为蛤蟆时，尾巴就消失了，就这个意义上说，是一种质变，这种质变就使得有尾巴的蝌蚪和无尾巴的蛤蟆之间有着某种本质的区别,即是说,蝌蚪和蛤蟆都各有其固有的质的规定性。蝌蚪不是蛤蟆,蛤蟆也不是蝌蚪。当龙王下令,要把水族里凡有尾巴的都杀掉时,蛤蟆显然不属在杀之列,因为它没有尾巴呀!但蛤蟆却哭着担心会追查它当蝌蚪时候的事,这显然是没有看到它与蝌蚪之间各自有着不同的质的规定性,而事物的质的规定性就决定了某物之为某物,并将某物与他物区别开来。

当然,蛤蟆自身也会不断变化,但尽管如此,只要它还没有死,它就是蛤蟆。这就是说,蛤蟆在其一定阶段上是具有其质的规定性的。事物的这种质的规定性反映到人脑中来;就是思维的确定性。同时,事物的因果联系也有其确定性,这种确定性在思维中也是有所反映的。而思维的确定性从不同角度所表现出来的规律性就分别是形式逻辑的四条基本规律:

一个思想(概念或判断)反映了什么,就是反映了什么。(如说:"蛤蟆就是蛤蟆")可用公式表示为:A 是 A。这就是同一律。

说一个思想反映了什么,就不能同时又说这个思想没有反映什么。(如说了"蛤蟆不属在杀之列",就不能同时又说"蛤蟆属于在杀之列")可用公式表示为 A 不是非 A。这就是矛盾律。

一个思想或者反映什么,或者没有反映什么,二者必居其一。(如在"蛤蟆不属在杀之列"与"蛤蟆属于在杀之列"之间必有一真)可用公式表示为,或者 A 或者非 A。这就是排中律。

一个思想 A 之所以能成立,是因为 B 成立,并且由 B 能推出 A。可用公式表示为:A 真,因为 B 真,并且"如果 B,则 A 真"。这就是充足理由律。如我们可运用充足理由律说:蛤蟆之所以不属在杀之列,是因为它不属水族里有尾巴的,并且,只要不属水族中有尾巴的，就不属在杀之列。

现在让我们回过头来紧接着前面"所谓同一律是逻辑学的最根本的规律"继续讲下去。我们之所以说同一律是逻辑学的最根本的规律，因为它最集中地表现了思维的确定性，或者说，它从正面最直接地表现了思维的确定性，而矛盾律是从它的反面来表现思维确定性的。同一律说"A 是 A"，矛盾律说"A 不是非 A"，至于排中律是在矛盾律"A 不是非 A"的基础上更进一步地对思维确定性的表现，它的意思是说，不仅"A 不是非 A"，而且"或者 A 或者非 A"。而充足理由律则是从事物间的因果联系方面来表现思维确定性的。

由于同一律最集中地或者说直接从正面表现了思维的确定性，因此，我们可以说，同一律是整个形式逻辑的基本思想，甚至可以说逻辑学的"一切都来自同一律，一切又归于同一律"。

那么，同一律的内容是什么呢？同一律对我们的思维提出了怎样的要求呢？

同一律的内容是：在同一思维过程中，每一思维形式都保持自身的一致。

同一律要求：

① 概念必须保持同一。

在运用概念时，一个语词表达什么概念，就表达什么概念。即是说，要在一个确定的意义上使用一个概念。不能表面上是一个语词形式，而其所表达的又不是同一个概念。

比如，在上面的笑话中，说"这个婆娘""不是人"。"不是人"这个概念跟"九天仙女"是两个相容的概念，根据属种关系，"所有仙女都不是人"是成立的，因此，"这个婆娘"这一概念在前后二句里保持了同一性,后来又说这个婆娘的儿孙个个都是贼。这与最后一句中的"偷得蟠桃奉至亲"的说法也是同一的。显然,"偷得蟠桃奉至亲"的贼当然也是贼,怎么不同一呢? 可见,"这个婆娘"这一概念在全诗中都保持了同一性。

在此,分别看起来极不同一的东西,从整体来看又非常同一,这就不能不令人发笑。

② 判断必须保持同一。

在运用判断时,一个判断必须有确定的意义。这就要求,在运用判断进行推理时,或在论证某一问题时,所使用的判断必须保持确定的意义,不能用另外的判断来代替它。

还是拿上面的笑话为例来说明,唐伯虎在祝寿诗中对"这个婆娘"的断定有两个判断:"这个婆娘不是人"和"九天仙女下凡尘"。这两个判断一说她不是人,二说她是仙女,这是同一的。而祝寿诗中对那个婆娘的儿孙的断定也有两个判断:"儿孙个个都是贼"和"偷得蟠桃奉至亲"。这两个判断一说他们个个是贼,二进一步补充说他们是"偷得蟠桃奉至亲"的贼。显然这两个判断也是具有同一性的。

我们无论是说话或是写作都要保持思想的同一性即确定性,才会使人信服。从同一律的角度看,笑话与幽默之所以引人发笑,大致有如下四方面的逻辑基础:一是刚才说的情况,即笑话或幽默中包含了看似不合同一律而实际上又是合乎同一律的东西。二是相反,在笑话或幽默中,包含了看起来符合同一律,而实际上又不合同一律的东西。还有一种情况就是在笑话与幽默中揭示了那些明显违反同一律的错误。最后,则是笑话或幽默的创作者或主人公为了讽刺或逗趣等需要,故意违反同一律。

以上从同一律角度看,笑话幽默引人发笑的四方面的逻辑基础,其中只有第一方面是遵守同一律要求的,其余三方面都可归入逻辑错误。关于其余三方面的逻辑基础,我们下面分析违反同一律的逻辑错误时再加以讨论。

这里,再看一则遵守同一律要求的幽默实例:

谁 不 认 识 我

爱因斯坦有一天在纽约的街道上遇见一位朋友。

"爱因斯坦先生,"这位朋友说,"你似乎有必要添制一件新大衣了。瞧,你身上穿着的多么旧呀!"

"这有什么关系?在纽约谁也不认识我。"爱因斯坦回答说。

数年后,他们又偶然相遇。这时爱因斯坦已成为一个著名的物理学家,但仍然穿着那件旧大衣。他的朋友又不厌其烦地劝他去换一件新大衣。

"何必呢!"他答道,"现在,这里每一个人都认识我了。"

这里,爱因斯坦"不重衣着"的思想是数年甚至数十年如一日,是同一的,但他前后两句话之间表面看起来却极不同一。数年前说的那句话,说他不重穿着其所以没关系的原因是"在纽约谁也不认识我",而数年后的那句话又说他不重穿着其所以没关系的原因是"这里每一个人都认识我了"。然而这两句话却在如下意义上同一起来:我爱因斯坦反正不重穿着,管他有没有认识我的人看见,对我说来,都没有关系。

爱因斯坦用看似不同一的话表达了实际上同一的意思,这不仅符合同一律,而且别具幽默感。

爱因斯坦是一位将逻辑与幽默结合得十分巧妙的伟大科学家。我们再举一例:

爱因斯坦说过,任何科学最后都得进入哲学境界。爱因斯坦还有一句看似骂人的话。他说:"专家只是训练有素的狗。"

这两句话看来没有任何联系,而且后一句话似乎在骂人,甚至似乎也在骂他自己,因为他也是专家呀!

其实"专家只是训练有素的狗"。这句话的意思是说,对各个学科进行专门研究是必要的,研究有成者即专家,就像狗忠于主人那样执著于自己的专业,这就使专家难免不同程度地具有狭隘性,为了尽量避免这种狭隘性,就需要我们不仅只做一个专家,还应该了解具有普遍性、整体性、根本性的哲学问题,哲学的最初含义是爱智慧,因此需要我们透过自己的专业知识从普遍性、整体性、根本性问题上去增进自己的哲学智慧。这也正是爱因斯坦所说任何科学最后都得进入哲学境界这句话的真实含义。

于是,爱因斯坦那句话看似骂人而实际上没有骂人,它同任何科学最后都得进入哲学境界这句话的意思是同一的,完全符合逻辑,遵守了形式逻辑的根本规律同一律。

以下幽默也属于运用同一律,将看似不同一而实际同一的意思展示在读者眼前,从而引人发笑的实例:

不 是 饭 桶

警官:你们四个人还抓不住一个罪犯,饭桶!

警察:长官,我们不是饭桶,罪犯虽然逃了,我们想法把他的指纹带回来了。

警官:在哪儿?

警察:在我们脸上。

在这则外国幽默中,警官对四个警察的业务能力冠以"饭桶"这样的"评价"。这一"评价"与事实同一。然而,警察们不愿接受

"饭桶"这项"桂冠",并找出了他们不是饭桶的根据,即他们"想法"把罪犯的指纹带回来了。这样一来,警官的思想跟警察的思想岂不是不同一了吗?然而,我们看,警察们是如何"设法"把罪犯的指纹带回来的呢?原来,他们都挨了罪犯的耳光!而这不同寻常的耳光又正雄辩地证明了"饭桶"的"桂冠"他们是很有资格佩戴在头上的。到此,读者也就自然地会在笑声中发现:警官那看似不同一的观点,原来恰好与事实同一,也恰好与警察们所说的最后那句话同一。

最后,再欣赏一则看似不合同一律而实际上符合同一律的幽默:

化 学 迷

两个男女青年正在恋爱中。男的这时正在攻读化学,非常用功。在公园里,别的爱侣都在谈情,他却在沙地上给女朋友写化学公式。女朋友为了引起他的注意,一天特别穿了件好看的花衣裳。一见面,他果然以欣美的眼光看着女朋友的衣裳,高声喊着,"这衣服真美"。

女朋友想,好不容易才使他动心了。可是,没料到他紧接着说,"上面画的尽是令人向往的苯圈。"

"男的在恋爱时也是化学迷",这是那个女青年作的判断。她千方百计要使这个判断在恋爱时转换为另一个判断,并且,看起来似乎成功了。也就是说,看起来这个判断在这个恋爱过程中不会同一了。然而,男朋友最后那一句画龙点睛的话恰好说明了这个判断仍是同一的。

这则幽默给人以轻松愉快并带有对那位化学迷青年的赞美色彩的幽默感。可见,幽默不完全一定是非带讽刺性不可的东西。

当然,在许多情况下,幽默与讽刺形影相随。不过,它们并非全是一回事。事实上,在许多时候,生活中的幽默感并不带讽刺性。这时,它仅仅作为一种使人"兴趣盎然"的东西而跟那些让人"兴味索然"的东西区别开来。我们在本书中所举的不少带有童真情趣的幽默小品也属于不具讽刺性的幽默实例。

五十一

"再打三斤"·"失眠症"

——偷换概念

义 务 劳 动

甲：我们全体职工都在大院里义务劳动搞清洁卫生，你到哪里去啦？

乙：在我自己家里的小厨房里。

甲：哎哟！你在会上说过，参加义务劳动很有意义。

乙：是呀！我也同样参加义务劳动，我已经替妻子做好几样菜了。

上一讲我们指出过，笑话与幽默往往从三方面来揭示违反同一律的错误。或者说，在笑话与幽默中，透过字里行间，违反同一律的错误往往表现为三种类型。第一种类型是：表面看来，似乎遵守了同一律，而实际上恰恰违反了同一律。第二种类型是：笑话或幽默的主人公的逻辑错误以极端露骨的形式赤裸裸地展现在读者面前。第三种类型则是为了讽刺和幽默的需要，笑话、幽默的创作者或主人公故意违反同一律。而这三种类型的违反同一律的错误的表现方式，都会产生令人捧腹大笑或会心微笑的艺术效果。

上一讲我们还讲了，同一律对我们思维的要求有：① 概念必须保持同一；② 判断必须保持同一。

这里，我们按三种类型的顺序具体讲述违反同一律要求"概念必须保持同一"所犯的逻辑错误——偷换概念（又叫做混淆概念）。

在《义务劳动》这则幽默中,乙就犯了偷换概念的错误。

表面看起来,乙的思想貌似保持了同一性,即他在会上说过,参加义务劳动很有意义。而当别人在大院里义务劳动搞清洁卫生时,他也确是在"劳动",而且,看来干的是根据家庭约定分工该妻子干的劳动,在这个意义上讲,他算是尽了点"义务","义务"加"劳动"不等于义务劳动么!

然而,他之令人发笑正在于他那貌似同一的思想其实才不同一呢!

这里,他混淆了"义务劳动"和"家务劳动"这两个概念。

"义务劳动"这一概念内涵是:"社会主义国家公民自愿参加的无报酬的劳动。"因此,只有参加了具有这种本质特征的劳动,才算是参加了义务劳动。比如,在大院里搞清洁卫生,这是义务劳动,它带有"公益"性质,"自愿参加"性质,"无报酬"性质。所以它属于义务劳动的外延范围。而乙"替妻子做好几样菜"这种劳动毫无上述性质,它是"公益"的吗? 否,它纯属家庭私事! 它是"自愿参加"的么? 作为"义务劳动"的特征之一的"自愿参加"与"义务劳动"的其他特征是紧密相联而不可分割的,它绝不同于"参加家务劳动"的"自愿参加"! 这就是说,即使乙参加家务劳动具有"自愿参加"的特点,也绝不能将此特点与参加"义务劳动"的"自愿参加"这一特点混为一谈。而我们这里要指出的是,就"乙替妻子做菜"之事来说,也并不具有"自愿参加"的特点:看来,他只是为了躲避在大院搞清洁卫生才迫不得已替妻子做菜的呀! 至于谈到义务劳动的"无报酬"这一性质,既然乙所搞的那种劳动纯属家庭私事,就根本不存在有无报酬的问题。

从以上的分析看出,乙干的所谓"义务劳动"完全不具有"义务劳动"这一概念所反映的本质特征,因此,它绝不属于"义务劳动"的外延范围。

显然,乙在此混淆了"义务劳动"和"家务劳动"这两个概念,用"家务劳动"这个概念偷换了"义务劳动"这个概念。

下面,让我们再分析几则属表面看来似乎遵守同一律,而实际上违反同一律关于"概念必须保持同一"这一要求的笑话幽默实例:

飞 走 的 气 球

汤姆:"你能用这个望远镜看到天上的每一样东西吗!"

天文学家:"是的,我的孩子。"

汤姆:"那么,我早上飞走的气球在什么地方呢?"

在这则幽默中,汤姆与天文学家的看似符合同一律而实际违反同一律关于"概念必须保持同一"要求的对话,充满了童真情趣,使人会心微笑。

天文学家对天上的"每一样东西"的理解是这么一个概念:"在可能范围内用天文望远镜所能观察到的所有天文现象。"而汤姆对它的理解所形成的概念的外延却要广阔得多。比如他早上飞走的气球与"天文现象"简直相去甚远,然而这正是汤姆所理解的"天上的每一样东西"这个概念外延范围的一个分子。这就充分说明了"天上的每一样东西"这个词组在这一对话过程中,它在天文学家和汤姆之间所表达的概念是不同的。因而,违反了同一律关于"概念必须保持同一"的要求,犯了混淆概念的错误。

他 明 白 了

两个美国人在西班牙旅行。一天上午他们来到一家小饭馆吃饭。他们不会讲西班牙语,而招待员又不懂英语。他们要他取来牛奶和夹肉面包片。

起初他们多次发"牛奶"这个单词的音,后又把它拼出来,但招待员还不明白。

最后,一个旅行者拿了一张纸,在上面画了一头牛。招待员瞧了瞧画,走出食堂。

"你瞧",一个旅行者说,"一支铅笔能给在外国遇到困难的人多大的帮助呀!"

过了一会招待员回来了,但他没有取来牛奶。

他在这两个人面前放了两张斗牛赛的票。

概念总是用语词表达的,语词不过是表达概念的符号。当语言不通时,也可用别的符号来表达概念。比如,这则幽默中的一个旅行者就画了头牛,以此作为表达"牛奶"这一概念的符号。而在交际过程中,一方所表达的概念跟对方所理解的概念保持同一,交际才能成功。当招待员见了这头画的牛后,做出明白了旅行者所表达的概念的样子,走出食堂。这时,双方都以为旅行者表达的概念和招待员所理解的概念之间是保持同一的。而当招待员并未取来牛奶而是送来两张斗牛赛的票时,旅行者才发现,在这个交际过程中,出现了招待员将"牛奶"这一概念混淆为"斗牛赛票"这一概念的逻辑错误。

双 重 休 息

甲:"昨晚我得到了双重休息。"

乙:"这是怎么回事?"

甲:"我梦见我在睡觉。"

睡觉当然算是休息。表面看来,甲的话前后是同一的。但是,

"睡觉"与"梦见睡觉"是两个不同的概念。而甲将这两个概念混淆起来。并以此得出他"昨晚得到了双重休息"的结论。这是犯了混淆概念的错误。

只有一个问题

老师(正在上一学期的最后一节课)："下礼拜一就要进行期末考试,现在试卷已经发到印刷工人手里去排印,你们都应当为迎接考试做好准备。现在,你们还有什么问题需要问吗?"

学生:"只有一个问题:老师,那个印刷工人住在哪里?"

在这则幽默中,老师所说的"问题"跟学生所说的"问题"看起来都是问题。即是说,看起来"问题"这一概念在此是保持了同一性的。

其实不然,在此,老师所说的"问题"与学生所提的"问题"是两个截然不同的概念。老师所说的问题是复习功课时所遇到的不明白之处,而学生所说的"问题"明显不属此范围,它与在复习功课时所遇到的问题简直是风马牛不相及。所以"问题"这一概念在老师和学生之间没有保持同一性。

现在,让我们再分析另一种类型的笑话幽默实例,在这类实例中,主人公的违反同一律关于"概念必须保持同一"这一要求的错误以极端露骨的形式赤裸裸地展现在读者眼前,从而令人发笑。

先看一则题为《再打三斤》的中国古代笑话:

糊涂县官整天醉酒。这天午后,他喝完了一壶酒,正要叫衙役再给他打一些酒来的时候,忽然外面有人喊冤。

他非常恼火,升堂后,喝令衙役拿板子打喊冤的人。

衙役问他:"打多少?"

他醉醺醺地伸出三个指头,说:"再打三斤。"

"打"是个多义词。这里联系语境,可以看出,"打多少"的"打"跟再"打"三斤的打所表达的是两个截然不同的概念,而那位整天酒醉糊涂的县官明目张胆地将"打多少"(板子)的"打"偷换成了"再打三斤"(酒)的打。这样,其违反同一律关于"概念必须保持同一"这一要求的错误就以极端露骨的方式表现出来,从而令人捧腹大笑。

在许多情况下,这类笑话幽默中的主人公都是通过混淆多义词在不同语境中的不同含义来"偷换概念"的。

请看笑话《尊敬师长》:

某校李老师进行家访,把成绩报告单交给小明的爸爸。小明的爸爸看了成绩报告单非常高兴,但当他看到"希望今后要尊敬师长"的评语时,眉头一皱,教训李老师说:"李老师,我们可不能对孩子灌输等级观念哪。师长,当然要尊敬,那团长、营长、连长、排长就不要尊敬了?连这点起码的道理都不懂可不行啊!"

这里,"师长"一词在老师的评语中所表达的概念是"老师"、"领导"以及"长辈",而小明的爸爸却将这个概念偷换为一种部队首长的职务,经过这一偷换后,才发出了那一通令人啼笑皆非的"妙论"。这是露骨地偷换概念的错误。

再看一则题为《打成一片》的笑话:

父亲拿起儿子的成绩单,当看到"操行评语"栏时,顿时勃然大怒,顺手给了儿子一巴掌,并且大声责问:"老实说,你在学校和谁打过?"

儿子说:"没……没有呀?"

265

嘴巴还硬！这上面明明写着："和同学打成一片！"

这则笑话的时代背景是"文革"结束不久，一切百废待兴。这位年青的父亲深受"十年动乱"之苦，以致文化水平如此之低，没有弄懂"打成一片"这一语词在操行评语栏中的含义。这里，和"同学打成一片"是和同学团结友爱的意思，而这位父亲却将它理解为"和同学打群架"，其意恰与原意相反。这是明显的"偷换概念"的错误。

父亲"偷换概念"，害得儿子冤枉挨打，实属是非不分，黑白不明，十分可笑。

混淆音义之间的区别，也是导致"偷换概念"的原因。请看笑话《达尔文》：

新颖的金属眼镜架给小王添了几分学者风度。

"你知道达尔文吗？"刚结识的女友突然问道。

"当然知道，"小王的语调十分自信，"我学过两年，比英文、日文难学多啦！"

达尔文的"文"和英文、日文的"文"同音不同义。前者只是个"字"而不是词，故并不单独表达概念，而后者则表达"语言文字"这样的概念。这里，小王将达尔文的"文"偷换为"语言文字"这样的概念，其逻辑错误是非常明显的。

当然，这位小王除违反同一律关于"概念必须保持同一"的要求，犯了偷换概念的错误外，还违反了以后我们将要具体分析的矛盾律，犯了自相矛盾的错误。

这样，他那假装"斯文"的模样，就显得十分可笑了。

如果将本来表达同一个概念的两个语词，误当作表达了不同概念，或者没有认识到两个具有同一关系的概念之间，其外延是完全相同的,这也是一种混淆概念的错误。

请看以下幽默:

传达室见闻

客人:我要找谢春祥同志。

值班员:没有这个人呀!

客人:怎么没有,他是你们党委书记嘛!

值班员:(恍然大悟)噢! 原来谢书记叫谢春祥呀!

值班员连本厂的党委书记的姓名都弄不清楚,只知道他叫谢书记! 这里,"谢春祥同志"和"谢书记"都是对同一个人的称呼。"谢春祥"和"谢书记"是具有同一关系的概念。而值班员将这个同一概念误当不同一,也是违反同一律关于"概念必须保持同一"要求的一种表现,其所犯的逻辑错误同样是混淆概念。具体说来,这里是从外延方面混淆概念,明明两个概念外延全同,却被混为不同。

下面,我们再欣赏几则其主人公明显犯有"偷换概念"错误的笑话幽默实例。

好喝酒的人

有个酒鬼梦见得了一瓶美酒。他想把这酒炖热了喝。当他正跑进厨房炖酒的时候,梦忽然醒了。

他非常懊悔,自言自语地说:"可惜刚才没有早点带冷喝掉!"

显然,这个酒鬼把"梦中的酒"这一概念偷换为能喝的"酒"这一概念了。可谓"酒迷心窍"。

下面一则笑话,是对那些财迷心窍的人的讽刺。

借 钱

有个人,财迷心窍,希望成为大债主。

一天晚上,他做了个梦,梦见邻居借了他一大笔钱。

第二天早上,他恰好一出门就碰上那个邻居。他赶忙迎上前去说:"你是来还我钱的吧。"邻居感到莫名其妙,说:"谁借你钱了,你怕是在做梦吧!"这时,他才猛然醒悟,说:"确实是我在做梦时,你借了我的钱! 那就在今晚梦中还我好啦!"

显然,这个财迷心窍的人把"他所梦见的邻居向他借的钱"这一概念偷换为"邻居向他借的钱"这一概念了。

人长名字不能长

这天,鞋店进来一位老太太,营业员赶紧招呼:

"大娘,您想买什么样的鞋?"

"我想给小孩子买鞋。"

"这小孩子穿多少码?"

"要说尺码我不懂,不过我这儿有样子。"

大娘说完,掏出鞋样,营业员一看,顿时吃了一惊:这鞋样足有一尺多长,于是问:

"这小孩子多大了?"

大娘伸出四个指头:"四十了。"

"这不是小孩子!"

"怎么不是,孩子是我养的,名字是他爹起的,'小孩子'的名字叫了整整四十年,难道人长名字也能长吗?"

这里,老太太混淆了"小孩子"和"儿子"这两个概念,"小孩子"只能指儿童,而"儿子"呢,无论多大,总是父母的儿子。

这则笑话对老太太所犯混淆概念的逻辑错误,并没有多少讽刺的意味,但它却引人发笑。这种笑的作用只在于给我们的生活增添乐趣,使人感到仿佛有人在生活中加进了一种特制的盐,从而使生活更加有滋有味了。

现在,让我们举出一些实例来分析在笑话幽默中从概念角度违反同一律的第三种类型,即,为了讽刺和幽默的需要,笑话或幽默的创作者或其主人公故意违反同一律。

扬 长 避 短

甲:咱们厂长讲起成绩没个完,对问题怎么一句也不谈啊?

乙:这就叫扬长避短。

这则幽默的创作者借乙的口故意将"咱们厂长""光讲成绩,不谈缺点"的缺乏自我批评的态度叫做"扬长避短",使人明显看出是将褒词(扬长避短)给以贬用,以达到幽默讽刺的目的。

这里,故意将褒词贬用,从逻辑上讲,就是一种故意违反同一律关于"概念必须保持同一"的要求,从而故意犯了"偷换概念"的错误。

显然,"扬长避短"与"光讲成绩,不讲缺点"是两个完全不同的概念,不容混淆,作者故意混淆,就使那位厂长显得特别可笑。

再请欣赏笑话《很"赶人"》:

——你看我们的戏有何想法?

——很"赶人"。

——能不能说具体点,哪场戏最感人?

——说不上哪场戏,反正观众看了都坐不住,争先恐后退场。

这则笑话,同样是采用故意违反同一律的手法,将"赶人"和"感人"两个概念混淆起来,使二者在同一思维过程(表现为两人的对话过程)中显示出概念的不同一。

通过这样的手法,作者达到了对那些缺乏思想、艺术性的戏剧的幽默讽刺的目的。

汽　水

某人在食品商店买了一瓶汽水，打开盖子，一点气泡也没，不禁火冒三丈，就质问营业员："汽水怎么没有一点气？"

营业员笃悠悠地说："谁说没气？你一打开瓶盖，你的气不是就上来了吗？"

这则笑话的创作者借营业员的口，故意将"气泡"的"气"偷换为"生气"的"气"，从而对某食品商店出售不合质量要求的汽水进行了讽刺。

不　老　实

女儿：爸爸，您教我拍皮球呀。

爸爸：我不会。

女儿：爸爸不老实。人家都说您最能拍了。

这则笑话讽刺了"溜须拍马"的腐败作风。这种讽刺也是通过采用故意违反同一律的手法表现出来的。

这里，笑话作者借"女儿"的口故意将"溜须拍马"的"拍"这个概念偷换为拍皮球的"拍"这个概念，从而导致偷换概念的逻辑错误。

让我们再欣赏如下笑话：

失　眠　症

甲：听说你经常失眠，是吗？

乙：是的。

甲：那你睡觉时试着数数，也许能帮你入睡。

乙：我已数过了，一数到九，我就无论如何也要爬起来。

甲：为什么？

乙：唉,一提酒,我就想喝两口。

这则笑话借乙的口对一个患有失眠症的酒鬼进行幽默。

这里,乙故意将"九"这个数字跟"酒"混为一谈,从而犯了混淆概念的错误。

以上所举三种类型的违反同一律"关于概念必须保持同一"要求的错误,只是一个大致的类型,这并不是一种十分严格的分类。比如,就"失眠症"这则笑话来说,我们也可从另一角度将它归入第二种类型,就是主人公露骨地违反同一律关于"概念必须保持同一"的要求。这另一角度,也就是从主人公本身的角度。而我们上面的分析则是从笑话创作者的角度将其归入第三类。这就是说,创作者在此是为了通过乙的口来故意违反同一律,从而达到对乙的讽刺的目的。

下一讲我们在分析笑话幽默中的违反同一律关于"判断必须保持同一"所犯的错误的类型时,也有这样的情况。

五十二

"眼中只有你"·"我的不说了"

——偷换论题

请看一则题为《眼中只有你》的幽默小品：

公共汽车里，一对情人亲密地依偎在一起，小伙子满面春风，喜滋滋地对姑娘说："厂里这么多好小伙子，你为什么偏偏爱上我？"

姑娘忸怩地回答，"我眼中只有你。"

小伙子激动起来，一下子把姑娘紧紧搂在怀里，姑娘恼火了，一把推开他，生气地说："你没有看见车上这么多人吗？真不害臊！"

小伙子说："我眼中也只有你呀！"

从逻辑上讲，这位小伙子犯了偷换论题的错误。

所谓偷换论题就是违反同一律关于"判断必须保持同一"的要求所犯的错误。

如同同一语词在不同语境下可以表达不同概念一样，同一语句在不同语境下也可以表达不同判断，如同将同一语词在不同语境下所表达的不同概念混淆起来就会犯偷换概念的错误一样，将同一语句在不同语境下所表达的不同判断混为一谈，就会犯偷换论题的错误。

在这则笑话中，姑娘忸怩地说出的"我眼中只有你"所表达的是她只把纯洁的爱情给予这个小伙子的意思。而小伙子所说的"我眼中只有你",则包含着他在公共场合下,当着一汽车人的面把姑娘紧紧搂在怀里时,就顾不上怕别人看见的意思。显然,这同一语句在前后两种不同的语境下所表达的是两个不同的判断。而小伙子把姑娘的判断和他自己的判断混为一谈,从而犯了偷换论题的错误。

偷换论题又叫转移论题,或者叫离题、跑题或走题。题,就是指议论的对象——判断,无论说话或写文章都要围绕论题展开论述,始终回答同一个问题,而不应该用另外的"题"来顶替所要讨论的"题",从而将二者混为一谈,否则,就非犯转移论题的错误不可。

笑话与幽默中违反同一律关于"判断必须保持同一"的要求的情况也可以大致概括为如下三种,即:① 其中包含了看似同一而实际上并不同一的判断;② 其中包含了主人公的露骨地违反"判断必须保持同一"这一要求的逻辑错误;③ 笑话幽默的创作者为了达到讽刺幽默的艺术效果,故意违反"判断必须保持同一"的逻辑要求。

让我们先来分析第一种情况。请看幽默:

我 的 不 说 了

有位老师讲120分钟的课。其中:

他用40分钟讲高尔基说……

又用了40分钟讲托尔斯泰说……

最后40分钟他又讲鲁迅说……

下课铃响了。有位学生问道:"老师,你的意见呢?"

老师理直气壮地说:"我的——就不说了。"

初看起来,这位老师理直气壮地说出的那句话"我的就不说了"跟他前面所讲的内容是同一的。在讲课时,他的意见确是一个字没有说!那么,这位老师的讲课岂不是非常符合同一律关于"判断必须保持同一"的要求么?

然而,事情却恰恰相反,这位老师的讲课违反了同一律,他犯了"离题"的逻辑错误。而且,只要通过分析,我们还会发现其离题的逻辑错误还相当典型。前面我们不是讲了吗,无论说话或写文章,都要围绕论题展开论述,始终回答同一个问题,而不应该用别的"题"来代替所要讨论的题,从而将二者混为一谈。拿教师讲课来说,一堂课总要给学生回答一个问题,表明自己的主张。可是那位老师讲了 120 分钟并没有回答学生一个问题,并没有表明自己的主张,而是用高尔基、托尔斯泰、鲁迅的主张来"偷换"了自己的主张,这样的讲课离了题,犯了"偷换论题"的错误,唯其如此,这样的讲课只能被当作一则笑话。

再请欣赏幽默:

家　访

老师来家访,一进门看见学生在抽烟,师生两人一时都愣住了,不知道说什么好,家长一见,忙责备孩子:"光知道自己抽,也不快给老师点上一支!"

这位家长满以为自己的话与前来家访的老师的意思保持同一了,他哪里知道,他在说出"光知道自己抽,也不快给老师点上一支"这句话时,恰好违反了"判断必须保持同一"的要求,犯了转移论题的错误。

在此,老师的论题(判断)是:"学生不许抽烟"。倒是学生对这一论题的理解是清楚的,所以他才跟老师一样地"愣住了"。而那位家长,却自以为是地将老师的这一判断误解为(偷换为)"学生抽烟时,见老师来了,也应该给老师点上一支",以至于说出那句令人啼笑皆非的话来。

再看如下幽默:

无 理 的 抱 怨

两人在吃饭,只有一碟菜:两条鱼,一大一小。一位先生先把大的那条鱼夹了,另外一个勃然大怒。

"多没规矩!"这人叫道。

"什么事儿啊?"他的朋友觉得奇怪地问。

"你吃掉那条大鱼了。"

"假如你是我又怎么样?"

"我当然夹那条小的。"

"那好哇,你抱怨什么呢? 那条小鱼还在那儿呢!"

吃了大鱼而占便宜的那位朋友看来长于诡辩。他把大的吃了给人留下条小鱼,别人勃然大怒了,他却灵机一动,通过一番诡辩后引出了勃然大怒者本来"愿吃小鱼"的结论,而这一结论与他"吃了大鱼"的行动是"具有同一性"的,从而是"符合同一律"的。既然如此,吃小鱼的朋友所表现出来的勃然大怒就纯属"无理抱怨"了!

那么,只能吃剩下那条小鱼的朋友的抱怨果真无理吗? 其实非矣! 原来,吃大鱼的朋友的议论看似合乎同一律而实际上却违反了同一律,他在此也犯了转移论题的错误。

两个朋友吃两条鱼,一大一小。从夹鱼的人这方看,就必有一先一后。勃然大怒者的"我当然夹那条小的"表达了这样的判断:"先夹鱼的人应该夹那条小的,从而给朋友留下大的",而已经先把大鱼夹了那位朋友却将勃然大怒者的判断偷换为:"既然人家已经夹了那条大的,那你就应该夹那条小的!"

经过这样一分析,夹了大鱼那位朋友的转移论题的错误就被揭示出来了。而只能吃剩下那条小鱼的朋友的抱怨也就是有理的了!

再请欣赏一则外国笑话:

不 再 涉 足

一个酒徒脚朝天手撑地,进了酒吧间,大声嚷道:"伙计,给我来一杯上等白兰地!"

掌柜的十分惊奇,问道:"你何苦这样走路呢?"

酒徒答:"我太太昨晚逼我发过誓:今后决不再涉足酒吧间。我要信守诺言。"

酒徒以为只要他进出酒吧间时,脚朝天手撑地,就与他"不涉足酒吧间"的诺言保持同一了。然而,他在此犯了转移论题的错误。妻子逼他所发的誓"今后不再涉足酒吧间"所表达的是"今后不再到酒吧间喝酒"这一判断,而他却将此偷换为"今后进酒吧间时脚不能沾地"这一判断。这种对论题的转移既荒唐又令人捧腹大笑。在此,那位酒徒的嗜酒成性被揭露得淋漓尽致,入骨三分。这充分显示出了逻辑在笑话中所具有的力量!

悲 喜 交 集

"你知道观众对我导演的新片有何反映?"

"放映你这部大作时,电影院里真是悲喜交集。"

"没想到这样动人。"

"是啊! 只要影片中的女演员痛哭流涕,观众就笑得前仰后合。"

这则笑话中,评论者的"放映你这部大作时,电影院里真是悲喜交集"跟导演对此话的理解"没想到这样动人"所表达的判断貌似同一而实不同一。表面看来,说"电影院里真是悲喜交集"跟说"这场面这样动人"这两种说法之间该是具有同一性的呀!然而,评论者的最后那句话,画龙点睛地揭示了二者的不同一。当影片中的女演员痛哭流涕,观众就笑得前仰后合,这跟说"电影院里悲喜交集"是一致的。而这说明了该影片艺术效果之差,说明了它不但不动人,而且,其所博得的只是观众的嘲笑。导演却将评论者的话理解为他所导演的影片动人。可见,在此,导演用自己的与评论者完全不同的判断偷换了评论者的判断,从而犯了偷换论题的错误。

看 灯

　　司马光在洛阳闲居的时候,一年过元宵节,他的妻子要出去看灯,司马光反对说:"家里点得有灯,为啥非出去看不可呢!"

　　妻子说:"出去看灯,也可顺便看游人。"

　　司马光更生气了,说:"难道我是鬼不是人。"

　　司马光是我国宋代的政治家和文学家,然而,他作为这则笑话的主人公,两次犯了偷换论题的逻辑错误,以致引人发笑。

　　当他妻子要出去看灯时,其妻表达的判断是"我要去看街上专为过元宵节而准备的灯",而司马光却将这一判断与"我要看家里点的灯"混为一谈,以为它们是同一个意思,并且强迫妻子用后一判断来代替前一判断。这里,司马光犯了偷换论题的错误。

　　当然,大概,由于司马光的这种"偷换论题"的错误从表面上不大看得出来吧,所以,他的妻子并未对此进行反驳。而是又找了一条要出去看灯的理由,她的理由也表达了一个判断:"出去看灯,可以顺便看游人。"而司马光却误以为这一判断同以下判断是一个意思:"在家看灯也可以顺便看人"(司马光当然是人啊,看司马光也是看人嘛,貌似有理!)于是,他又强迫妻子用后一判断来代替前一判断。这里,司马光再次犯了"偷换论题"的错误。

我们提出这样一个问题来分析:司马光在此是否也犯有混淆概念或偷换概念的错误呢? 我们的回答是肯定的,即他犯有混淆概念或偷换概念的错误,而且这一错误正是他犯"偷换论题"的错误的基础。为什么这样说呢? 因为判断是由概念组成的,因此当在同一思维过程中,概念不同一时,包含那些概念的相应判断也必然会不同一。这就是说,在有的情况下,判断之间的不同一是由相应概念之间的不同一所导致的。在这则笑话中,正属此种情况。

起先,司马光把"在街上才能看见的元宵节的花灯"偷换为"在家里所点上的灯",正是由于混淆了这两个不同的概念,才导致他用另一个判断去偷换妻子的判断。

后来,司马光又把"游人"这一概念偷换为"人"这个概念。人是属概念,游人是人的种概念,这是两个不同的概念。所有游人固然都是人,但并非任何人都是游人。在当时当地司马光就不属游人。他的妻子要顺便看的是游人,既然司马光不是游人,你为何非叫别人看你不可! 别人不看你,你就说别人不承认你是人! 而说你是鬼,这简直是强词夺理啊! 经过这样一分析,我们就明白了,在此,司马光是怎样用另一个概念"人"来偷换"游人"这个概念的。正是由于这样对概念的偷换,才导致了司马光再次犯下偷换论题的错误。

以下,我们来分析其中包含了露骨地违反"判断必须保持同一"的要求的笑话幽默实例。

笔 杆 贩 子

法国大作家雨果,有一次出国旅行到了某国边境,宪兵要检查登记,就问他:"姓名?""雨果。""干什么的?"

"写东西的。""以什么谋生?""笔杆子。"

于是宪兵就在登记簿上写道:"姓名:雨果;职业:贩卖笔杆子。"

综合雨果关于"写东西的"和"靠笔杆子谋生"的回答,完全可以看出雨果回答所表达的判断是:雨果以从事写作为职业。而那位愚蠢的宪兵竟然用"雨果以贩卖笔杆子为职业"这一判断露骨地偷换了雨果的回答所表达的判断,从而犯了偷换论题的错误。

再看以下笑话:

谢 赏

一个县官审堂,偶然放了一个屁,自言自语地说了声:"爽利。"下面的六房书吏察言观色,误听为"赏吏",以为老爷翻阅案卷,夸奖他们办事出色,要给他们一些赏赐。为了得到老爷的欢心,大家争先恐后地向前跪下,齐声大呼:"谢老爷厚赏!"

"爽利"和"赏吏"在以上特定的语言环境中,表达了两个不同的判断,其所以说它们所表达的是判断(而不是概念)是因为它们都分别对事物作了断定。前者对县官自己所放的屁作了断定,而后者则断定了县官与六房书吏之间具有赏赐与被赏赐的关系。显然,这两个判断截然不同,其所断定的内容可说是风马牛不相及。而六房书吏们误以为它们是同一判断。以至于闹出了大家争先恐后向前跪下,齐声大呼"谢老爷厚赏"的笑话。

当然,这种笑话只能出现在封建官场的上下级官吏之间。这里,六房书吏们将"爽利"这一判断一厢情愿地偷换为"赏吏"这样的判断,从而犯了偷换论题的错误。

露骨地违反"判断必须保持同一"这一要求的错误有一种常见的表现是答非所问。

请看以下实例:

实例一：

计　　数

一个小姑娘总是不懂计数，奶奶很担心，对她说："听着，查德莉娜，其实计数并不难，只要动动脑筋就行了。譬如，你是卖东西的，我是顾客。我向你买1斤番茄，3法郎；1斤土豆，2法郎；你说，我该给你多少法郎？"

"这没什么，"小姑娘说，"你明天给我好了。"

实例二：

医生和钱

在美国，有一家孩子病了，父亲挂电话请医生。

"医生，在你来之前我们应该做什么？"

医生回答："把钱准备好。"

实例三：

时　　装

"这件上衣确是现在最时髦的吗？"一位顾客问售货员。

"这是现在最流行的时装！"

"太阳晒了不褪色吗？"

"瞧您说的！这件衣服在橱窗里已经挂了三年了，到现在还像新的一样。"

实例四：

亭子间与瓜子脸

丽丽爱打扮，读书却马马虎虎。一天，学校发下学生登记表，表内的"家庭出身"和"政治面貌"栏使她发呆。突然，她想起奶奶说过，当年她是降生在亭子间里的，于是就在"家庭出身"一栏填了"亭子间"三字，至于"政治面貌"，她对着镜子端详了好一会,满意地笑了笑,填上了"瓜子脸"。

在"实例一"中,奶奶教小姑娘计数,根据同一律,小姑娘必须在这个中心范围内回答奶奶提出的问题,而小姑娘不去计数却扯到"要奶奶明天给他钱"的与计数毫无关系的事情上了,这是明显的离题,逗人发笑。

在"实例二"中,孩子的父亲问话里隐含着在医生到来之前,父亲应该作些有利于让孩子减轻病疼或者有助于医生一到就能够尽快给孩子进行有效治疗这些方面的准备。而医生的回答却明目张胆地转移了这个论题。显然,"准备钱"与孩子父亲所指的准备这二者毫不相干。在此,医生的离题暴露他"金钱至上"的观念,缺乏职业道德,值得幽默讽刺。

在"实例三"中,顾客所问的话意思是:"在太阳晒了"的条件下,这件上衣会不会褪色。而售货员的回答把"太阳晒了"这一条件偷换为"挂在橱窗里"这一条件了。这也是露骨地违反同一律关于"判断必须保持同一"的错误。

在"实例四"中,不爱读书爱打扮的丽丽的离题错误就更为明显了,谁都会为她的这张"转移论题"的填表而笑掉大牙的!

以下,再举几个所答非所问而导致离题错误的实例,请读者自己分析它们是怎样离题的,在这些实例里,通过"离题"的错误,对什么进行了幽默或讽刺?

实例一:

答 非 所 问

老师考问学生,"假设你爸爸买了一套衣服用了四十元,买一只手提箱用了六十元,两项总共是多少?"

学生失声叫道:"啊,妈妈准和爸爸打起来啦!"

实例二：

答　问

教师："你能告诉我十七世纪那些最伟大的科学家所做过的一些事情吗?"

学生："能,先生,他们都死了。"

实例三：

结　果

老师:"我们来做应用题;哥哥有五个苹果,被弟弟吃了三个,结果怎样?"

学生:"结果,结果弟弟被哥哥揍了一顿!"

实例四：

谁 放 的 火

上历史课时,一个学生睡着了,老师把他叫醒,问了一个问题:"谁放火烧了罗马城?"

学生:"不,不是我……我刚才睡着了。"

所答非所问的离题错误也表现在有些文章中。每篇文章都有一个主题思想,文章应该紧扣主题进行写作。这里,一篇文章可以被看作同一思维过程,主题思想就是论题(判断),如果离开了主题,而用别的判断来偷换主题,也就是转移论题或偷换论题的错误。特别是学生在进行命题作文时,如果审题不准,就肯定会导致离题或偷换论题的错误。

请看笑话：

香 港 一 角

香港某中学,有位老师给学生出了一道作文题目:《香港一角》。

有一个学生不假思索就挥笔疾书,"今天的香港,一角钱连半片薄面包也买不到!"

真是无独有偶,在我国大陆的某中学,也出现了犯有类似逻辑错误的笑话:

闹 市 一 角

老师给学生出了一道作文题:《闹市一角》。一学生马上写道:在闹市,一角钱能买两根奶油冰棍。

这两则笑话中转移论题的错误都是由于学生对"香港一角"或"闹市一角"中"一角"这个概念的不理解所导致的。这两位学生分别都用了"一角钱"去偷换"香港一角"或"闹市一角"中"一角"这个概念。他们都是由于偷换了概念,所以在运用概念形成判断的过程中,也就相应地犯了转移论题或偷换论题的错误。

在日常生活中,有人对别人提出的意见进行回避,将别人的话题扯开,从而闹笑话,这也是一种露骨地偷换论题的错误。

请看以下实例:

实例一:

不 算 烫

一个顾客对一个服务员说:"您的大拇指都泡在我的汤里了!"

没关系,不算烫!

实例二:

仰 泳

一位绅士在饭馆的菜汤里发现了一只苍蝇,就问服务员:"请问,这东西在汤里干什么?"

服务员仔细地看了一下,恭敬地回答道:"先生,它在仰泳。"

实例三：

肯 定 会 死

顾客问服务员说："你看，碗里有只死苍蝇。"

服务员答道："面条都煮熟了，苍蝇肯定会死！"

实例四：

苍 蝇 滑 冰

顾客："侍应生，你看这只苍蝇在我的冰淇淋上干什么？"

侍应生："看来在滑冰。"

这几则幽默都是对恶劣的服务态度的讽刺。其中，实例二、实例三、实例四，这三则幽默不仅其露骨偷换论题的方式是一样的，而且其讽刺幽默的对象，内容也近乎相同。这再次给笑话幽默的创作者和欣赏者一个启示，逻辑对于笑话、幽默的创作和欣赏来说都是不无具有指导意义的！

关于笑话幽默中所包含的露骨地"偷换论题"的错误，我们最后举一由于误解别人判断因而离题的实例加以分析：

请 予 更 正

一位顾客用餐之后，提笔在意见簿上写道："贵餐馆的馄饨真够水平！"

女服务员拿过意见簿看了一眼，便拔腿朝留言者追去。

"同志，请您更正一下。"她边追边喊，"我们卖的是饺子！"

本来这位顾客的意见是：该餐厅服务质量很差，把饺子都弄成馄饨啦！然而，他并不板着脸孔说出这番话来对餐厅加以指责，而是以"贵餐馆的馄饨真够水平"的话来表达上述意思。这样的表达是很具幽默感的。

遗憾的是,女服务员对此并不理解,她误以为这是顾客对他们的赞扬。表扬嘛,当然要说得越明白越好,明明是这餐厅的饺子真够水平,怎能说成馄饨真够水平呢! 于是她才迫不及待地追上去要求这位"表扬者"予以更正!

这里,显然是女服务员用关于"该餐厅的服务质量好"的判断去偷换了顾客关于"该餐厅的服务质量差"的判断。

当读者在一瞬间轻易识别出这种露骨的"偷换"之际,也就是这种偷换论题的错误引得读者捧腹大笑之时!

如同故意"偷换概念",从而故意违反同一律是笑话、幽默的一种表现手法一样,故意偷换论题,从而违反同一律关于"判断必须保持同一"的要求,也是笑话、幽默的一种表现手法。

请看以下笑话:

一 毛 不 拔

猴子死后去见阎王,要求投生做人。

阎王说:"你要做人,必须把身上的毛都拔掉。"就叫夜叉过来,给它拔毛。才拔一根,猴子就痛得大嚷起来。

阎王说:"看你,一毛不拔,怎能做人呢?"

这则笑话,以猴子想做人,又因为怕痛而拔一根毛就大嚷起来的寓言故事来比喻讽刺那些非常吝啬的人。

无论是语词还是语句,其本来意义和比喻意义毕竟是不同的,假若硬将它们看成一回事就会违反同一律的要求。

在这则笑话中,笑话的创作者为了达到对吝啬的人给予讽刺的目的,故意将一毛不拔的本义和比喻义混淆起来从而形成两个不同的判断即"猴子是一毛不拔的"和"吝啬的人是一毛不拔的",并将这两个判断故意混淆起来。

这种故意转移论题的手法确实达到了作者预想的艺术效果。令人捧腹,同时又很具幽默感。

再看以下笑话:

戒　酒

艾子最喜欢喝酒,成天总是醉醺醺的,很少有清醒的时候。

他的学生们聚在一起商量说:"像他这样的人,要想让他不见酒就醉,光靠劝是劝不住的,必须想个危险的事情来吓唬吓唬他,才能引起他的注意,听从我们的劝告。"

有一天,艾子又因饮酒过量醉得呕吐了。有个学生就在袖筒里藏了些猪肠子,悄悄地放在他吐出来的脏物里,然后,再提起来给艾子看,说:"人,必须具备五脏才能活,你如今把肠子都吐出来了,只剩下四脏了,怎么能活下去呢?"艾子仔细看了看肠子,笑着说:"唐三藏只有三脏还可以活,何况我还有四脏呢! 快些给我拿酒来吧!"

在此,当艾子仔细看了看肠子后,就知道那肠子绝不是他吐出来的,并且明白了学生的用意,于是,采用了故意违反同一律的手法,以引人捧腹大笑。

首先,他借用同音异义的"藏"和"脏"的"音同"这个共性,而有意忽略其"义不同"这一区别,故意混淆了"藏"和"脏"这两个不同的概念。在此基础上,他又故意混淆了唐僧就是"唐三藏"和"唐僧只有三脏"这两个风马牛不相及的判断。依据这样的"混淆",他才得出了"唐三藏只有三脏还可以活,何况我还有四脏呢!"的结论,并据此结论,竟喊出了"快些给我拿酒来吧"的话来。

再看一则逗趣性的笑话:

假　人

有户人家,家门前有个大鱼池,可是,大群大群的鱼鹰总是飞来偷吃他的鱼,把他搞得很苦恼。后来,他想出了个办法:用草扎了一个草人,让它披上蓑衣,戴上斗笠,手里拿着长竹竿,把它插在鱼池里,吓唬鱼鹰。

起初,鱼鹰看见草人,都不敢落下来,只在草人头上来回飞旋。经过一段时间仔细观察,渐渐地鱼鹰又敢飞落下来啄鱼了。时间一久,鱼鹰不仅敢落下来啄鱼吃,还常常停在草人的斗笠上,安然无事,一点也不害怕。

这事被主人发现了,他便悄悄地搬走了草人,自己披上蓑衣,戴上斗笠,也像草人那样站在鱼池里。鱼鹰仍和过去一样,照常飞下来啄鱼吃,有的仍然落在他的斗笠上。一落上斗笠,那人就顺手抓住它的脚。鱼鹰被抓,怎么也挣不脱,死劲扇动翅膀喊:"假,假,假!"

那人一边把鱼鹰扔进袋子里,一边说:"从前是假,难道现在也假!"

这里,那人当然知道鱼鹰被抓时死劲地扇动翅膀所喊出来的"假、假、假"绝没有表达什么思想,更不可能表达出:"你这人是假的"的思想。那人故意将鱼鹰那无意义的叫喊声混淆为"你这人是假的"的判断,从而犯了偷换论题的错误。而这里的偷换论题,显然是为了逗趣,让人发笑,给人们的生活带来乐趣,而且也很有幽默感。

这是我国古代的一则笑话,"一滴水见太阳",从这里,我们可以感到我们的民族自古以来,就是一个富于幽默感的民族。从本书所引的其他我国古今的笑话幽默作品也可以看到这一点。这些事实都说明了有人借口幽默一词是英文 humour 的音译，而否认中华民族具有富于幽默感的传统的观点，是极端错误的。

请再欣赏一则我国古代的幽默：

七分读、三分诗

宋朝有个郭功甫，一次路过杭州时，特意把自己写的一卷诗，拿去给苏东坡看，并且，还抑扬顿挫地给苏东坡朗诵了一遍，声音特别响亮，把满屋的人都震动了。朗诵完毕，他问苏东坡："你看我这诗能得几分？"

苏东坡说："能得十分！"

郭功甫听了很高兴。又问苏东坡："怎么能得到这么满的分呢？"

苏东坡说："七分是读，三分是诗，加一块不就是十分吗？"

这则幽默以往都是作为笑话看待的。其实，从它"令人会心微笑"的艺术效果来看，笔者认为把它当作幽默更为恰当。当然，笑话与幽默的区分并非绝对，有时，其界限也很难划清，这里还涉及一些有待探讨的理论问题。我们在此当然不可能多讲。

在这则幽默中，苏东坡故意偷换论题，以此对郭功甫进行讽刺，其中的幽默感绝不亚于西欧同时代的优秀幽默。

苏东坡开始说郭诗能得十分。从其判断来看，只能表达郭诗很好的意思。而后来苏东坡对这一判断的解释，恰恰表达了郭诗很糟的意思。在同一思维过程中，判断未能保持同一，犯了偷换论题的错误。然而，这种错误是苏东坡故意犯的。读者也能清楚地意识到这一点。通过这样故意违反同一律，让人们会心微笑。笑声中，人们体会到一个道理：不好的诗，尽管你把它朗诵得再响亮，它仍旧是不好的。郭功甫值得幽默讽刺之处正在于他不懂得这个简单道理。

有时候,故意偷换论题不仅能表现出一个人的幽默情调,而且还能体现出一个人气度与胸怀,以及处事不惊的品质,甚至能把本来很紧张的气氛变得轻松自如。请欣赏:

"宾 至 如 归"

美国前总统里根访问加拿大,一下飞机就有一群加拿大人高呼反对他的口号。东道主很觉难堪。里根为了减轻其压力,面带微笑,很轻松地说:"这种事情挺平常,我在国内经常遇到。"东道主仍表不安,里根则说:"说不定这些喊口号的人是从美国跟过来的,为的是让我来到贵国有一个宾至如归的感觉。"

这里,里根以"故意偷换论题"表现出来的幽默手法实在高明,从幽默学角度看,这种幽默手法属于"自嘲"一类。"自嘲",就是"嘲弄自己"。美国学者赫布・特鲁在《幽默的力量》(又译《幽默的秘诀》、《幽默与人生》、《论幽默》等)一书中把"自嘲"列入最高层次的幽默。他说:"最高层次只有那些勇于笑自己,以乐观的态度面对挫折和失败的人才能达到。"请欣赏:

身 不 由 己

林肯总统常取笑自己,尤其是自己的外表。他在一次演讲中,逗趣地说:

"有一次我在林间漫步遇到一个老婆婆,她一见我就大吃一惊,说:'你是我有生以来看到的第一个这么丑陋的人'。我只好向她解释,这是身不由己呀,这事我实在无可奈何。老婆婆说:'不,怎么没有办法呢?'随后她紧贴我的耳朵轻声说:'你可以呆在家里不出门呀!'"

林肯这样取笑自己，当然属于最高层次的幽默——自嘲；从幽默逻辑讲，也是在故意偷换论题。因为林肯在此编造的自我调侃的故事纯属虚构。虚与实当然不同一，而这种不同一，是林肯为达到演说的某种效果而故意为之。

再欣赏一则林肯的自嘲性幽默：

两 副 面 孔

在一次美国国会辩论中，有位参议员说："林肯先生同我们大家不同，他有两副面孔，是个地道的两面派！"

林肯笑答："请诸位明断：如果我真有两副面孔的话，在这种庄重的场合下，我会用这副难看的面孔来见大家吗？"

在此，林肯明显是将那位参议员关于他有两副面孔的论题进行了内容上的故意偷换，这种逻辑上的故意偷换以"自嘲"的幽默手法表现出来，正恰到好处地显示了林肯那超人一筹的智慧和他那包容百川的广阔胸怀。

下面是一则贴近日常生活的自嘲性幽默：

拥 有 一 天

有位大学生，好不容易才买到一辆向往多年的摩托车。可是第一天就出了车祸。他一面检视着毁坏的车身，一面说："我早就说过，总有一天我会拥有一辆自己的摩托车。现在终于有了一辆。而且恰好只拥有了'一天'。"

向往多年的摩托车第一天就被撞坏了，谁不心痛？许多人遇到此事不是发火就是颓丧。而这位大学生，虽说心情沉重，却以口出自嘲性幽默的方法来解除烦恼，实属一种达观自在的人生态度。其实，发火能解决问题么？颓丧能解决问题么？都不能。而幽默，则可以让你在生活中遇到很严重的问题时仍能一笑解千愁，从而振作精神,去创造美好的人生。自嘲的层次之高,其原因之一正在于此。可以看出,这里,前后两个"一天"表达的概念是不同的,由此形成的两个判断当然也就不同了。这位大学生正是故意偷换这两个不同判断(论题)而形成了自嘲性幽默。

同其他类型的幽默一样,不同的自嘲性幽默其逻辑基础可以是不同的。在此,我们仅就几则故意偷换论题的自嘲性幽默给予了集中地分析。至于在其他场合所举此类型幽默实例,笔者都不再指明其属于自嘲性幽默。否则,读者会指责笔者是"弱智"——连广大读者的这点智慧都缺乏了解!

"打 电 话"

——矛盾律的内容和要求

打 电 话

孔科长坐在办公室里,烟喷喷,腿摇摇,闲得直剔牙。忽然门外来了一个人。为了表示没有闲着,他马上拿起了桌上的电话筒大声说:"同志啊,我没有空,这点小事,你们自己独立思考,自己解决,如果实在不能解决,再来找我。"孔科长放下电话筒问来人:"有什么事?"

来人彬彬有礼地说:"我是电信局派来的修理工,据报告,这架电话机已经坏了两天了!"

看了这位孔科长的表演,谁都会情不自禁地捧腹大笑。孔科长本来闲得直剔牙,而又要在别人面前显示自己工作十分忙碌,就只得做戏了,然而这场戏却使他丢了丑。

从逻辑上讲,他违背了思维的一条基本规律——矛盾律,犯了自相矛盾的逻辑错误。

那么,什么是矛盾律呢? 它的内容和要求是什么呢?

矛盾律是四条逻辑基本规律中的一条,它也是为了保证思维的确定性的一条规律。矛盾律,又叫不矛盾律,它的基本内容是:在同一思维过程中,一个思想及其否定不能同时是真的,其中至少有一个是假的。

比如,在以上笑话中,"孔科长很忙"和"孔科长很闲"这两个思想以及"这架电话机是好的"和"这架电话机是坏的"这两个思想,它们都是两个相互否定的思想,而两个相互否定的思想,不能同时是真的,其中至少有一个是假的。

矛盾律是任何正确的思维都必须遵守的逻辑规律。矛盾律要求人们在思维和表达中,不能同时认定两个互相否定的思想都是真的。如果承认了其中一个是真的,必须承认另一个是假的。

比如,如果承认了"孔科长很忙"是真的,就必须承认"孔科长很闲"是假的;反之,如果承认了"孔科长很闲"是真的,就必须承认"孔科长很忙"是假的。

如果承认了"这架电话机是好的"是真的,就必须承认"这架电话机是坏的"是假的;反之,如果承认了"这架电话机是坏的"是真的,就必须承认"这架电话机是好的"是假的。

根据矛盾律的要求,在两个相互否定的思想间,如果同时认定它们是真的,这是不行的,是错误的。拿以上例子来说,假若在承认"孔科长很忙"的同时,又承认"孔科长很闲",是不行的,同样,在承认"这架电话机是好的"的同时,又承认"这架电话机是坏的"是错误的。

违反矛盾律要求所犯的错误叫做"自相矛盾"。"自相矛盾"的逻辑错误又叫"逻辑矛盾"。

在这则笑话中,孔科长坐在办公室里,烟喷喷、腿摇摇,闲得直剔牙,这时,他承认"孔科长很闲"这一判断是真的,而当来了人,他就假装正经,用做戏的方式承认"孔科长很忙"是真的。这样,孔科长认定两个互相否定的思想是真的,违反了矛盾律的要求,犯了"自相矛盾"的逻辑错误。而那位电话修理工的话则以彬彬有礼的方式无情地揭露了他的这一逻辑错误,从而使他当面丢丑,落得引人捧腹大笑的境地。

孔科长以做戏的方式承认了"这架电话机是好的"为真,而电话修理工则同时承认了"这架电话机是坏的"为真。在这同一思维过程中,承认了这两个相互否定的判断同时为真,这又是一个逻辑矛盾。

在这则笑话中,两个逻辑矛盾相互联系,使"孔科长"这个形象成了人们讽刺、嘲笑的对象。

现在,我们进一步分析两种不同的否定,从而更为确切地阐明矛盾律对正确思维的要求。

上面我们讲矛盾律的内容时谈到:在同一思维过程中,一个思想及其否定不能同时是真的。但是,对一个思想的否定有两种不同的情况,一种是矛盾关系意义上的否定,一种是反对关系意义上的否定。如果一个思想跟否定它的思想间具有矛盾关系(两个判断之间不能同真、不能同假的关系),那么,对这个思想的否定就是矛盾关系意义上的否定。比如,"这架电话机是好的"跟否定它的思想"这架电话机是坏的"之间具有矛盾关系。它们之间不能同真,也不能同假。这架电话机是好的,就一定不是坏的;同时,是坏的,就一定不是好的。所以,对"这架电话机是好的"的否定,就是矛盾关系意义上的否定。

如果一个思想跟否定它的思想间具有反对关系(两个判断不能同真,可以同假的关系),那么,对这个思想的否定就是反对关系意义上的否定。比如"孔科长很忙"跟否定它的思想"孔科长很闲"之间具有反对关系。它们之间不能同时为真,但可以同时为假。如果"孔科长很闲"是真的,则"孔科长很忙",必假,反之亦然;但是,如果"孔科长很忙"是假的,"孔科长很闲"就不一定非真不可,即可真,可假。为什么在"孔科长很忙"和"孔科长很闲"之间不能同真,但可以同假呢?因为在这二者之间还有中间的可能情况,即"孔科长既不很忙又不很闲",而在这种情况下,无论是"孔科长很忙"还是"孔科长很闲"都是假的。

由此可见,矛盾关系意义上的否定和反对关系意义上的否定,是有区别的。但是,矛盾律强调的不是两种否定的区别而恰好是强调它们的相同之处。这就是它们都具有"二者不能同真"这一相同点。矛盾律正是要求我们对于两个相互否定的思想,在同一思维过程中,不能同时承认它们都是真的。

不过,这样一来,对于矛盾律的要求,我们就可以进一步表述为:

矛盾律要求我们在思维和表达中,不能同时认定两个具有矛盾关系或反对关系的思想(概念、判断)都是真的。如果承认了其中一个是真的,必须承认另一个是假的。

以判断为例来说,根据我们已经学过的知识,就知道:

具有相同素材的 A 判断和 E 判断之间以及"必然 P"与"必然非 P"之间具有反对关系;A 判断与 O 判断之间和 E 判断与 I 判断之间以及"必然 P"与"可能非 P"和"必然非 P"与"可能 P"之间具有矛盾关系。任一判断和它的负判断之间都具有矛盾关系。

根据矛盾律的要求,在上述具有矛盾关系或反对关系的判断之间,承认了其中一个是真的,就必须承认另一个是假的。

五十四

"最不喜欢说奉承话"·"不吃马屁"

——逻辑矛盾

最不喜欢说奉承话

某人有一技之长,他善于用"最"字。

在老干部面前,他用称赞的口吻说:"您的经验最丰富。"

在年轻的干部面前,他用夸奖的语气说:"您最年轻有为。"

在掌握紧缺物资人面前,他用敬佩的赞语说:"您最有办法,最有作为。"

在科长面前,他像有所发现地说:"在所有科室干部中,您是最有水平、政策性最强的人。"

在厂长面前,他颇有见解地说:"我可以肯定,在厂里您是最有威信的。"

有人问他,你对自己的评价呢?

他说:"我最不喜欢说奉承话。"

显然,这个"某人"对自己的评价同他在这则笑话中所说的其余话之间存在着露骨的逻辑矛盾。

这个"某人"对自己的评价是:"我最不喜欢说奉承话",而从他的其他话,完全可以归结出:"他最喜欢说奉承话"。"最喜欢说奉承话"和"最不喜欢说奉承话"之间是不能同真,可以同假的反对关系(因为在这二者之间,还有第三种可能情况,所以可以同假)。根据矛盾律,对于两个互相反对的判断,我们不能同时承认它们都是真的。

可是,在这则笑话中,从这个"某人"的除最后一句话外的其余话中可看出,他"最喜欢说奉承话"是真的,而他的最后那句话则同时又承认他"最不喜欢说奉承话"也是真的,这就违反了矛盾律,犯了自相矛盾的错误。

不 吃 马 屁

李主任经常自我吹嘘:"我从来不吃马屁。"一天,有个姓马的人为件私事来找李主任帮忙。

马满脸堆笑,说:"李主任,您真辛苦呀!"

李一本正经应道:"不要叫主任,称同志。"

马赶忙改口:"李同志抽烟。"随即送上一支中华牌香烟。

李双手一挡,说:"不要来这一套! 有事就直讲。"

马伸出大拇指,说:"嗬! 您真是廉洁奉公,两袖清风呀!"

李眼一瞪回道:"你别拍马奉承!"

马赞叹地说:"是啊! 李同志最大的优点就是不吃马屁!"说着,呈上一张纸条。

李得意地微笑着说:"是嘛,我就是不吃马屁。"随即在纸条上签上"同意"两字。

当李得意地微笑着说他就是不吃马屁之际,也正是他事实上已经吃马屁之时。他就是在吃了马屁之后,才在纸条上签上"同意"两字的。

"李吃马屁"和"李不吃马屁"是两个不能同真也不能同假的具有矛盾关系的判断。根据矛盾律,这两个判断不能同时为真。而李在此却承认了这两个判断同时为真，从而犯了自相矛盾的错误。这里，其逻辑矛盾也是很明显的。

有则古代笑话，其主人公所犯自相矛盾的错误的思维过程跟《不吃马屁》中的李主任颇为相似。这两则古今笑话之间，实有异曲同工之妙。现在，请欣赏这则古代笑话：

高　帽　子

有个京官要到外地任职，临行前去向老师告别。老师对他说："外官不好当，凡事要小心谨慎才是。"这个人说："老师放心，我已准备了一百顶高帽子，碰上人就奉送一顶，谁不喜欢戴高帽子呢？不会有什么困难的。"

老师生气地说道："为官要正直，哪能随便奉承人呢？我就最不喜欢别人奉承！"

这个学生说："老师的话很对，不过当今这个世界上，像老师这样不喜欢戴高帽子的能有几个？"

老师听了，喜形于色，非常高兴，说："你的话不能说没有根据。"

这人出了大门，便对人说："我的一百顶高帽，只剩下九十九顶了。"

这则笑话讽刺了那位老师的言行不一致。他声称他不喜欢别人奉承，但一当学生奉承他时，他听了"喜形于色，非常高兴"。这就是同时既承认"不喜欢奉承"是真的，又承认"喜欢奉承"是真的。而"他不喜欢奉承"和"他喜欢奉承"这二者是两个具有矛盾关系的思想。既然那位老师承认了两个具有矛盾关系的思想同时为真，也就犯了自相矛盾的错误。

再请欣赏如下两则外国幽默：

是我的袋子

夏天的一个周末,市内火车很挤。一个老人在站台上走着,寻找个空位。突然他看见车上一个空位,便上了车。座位上放着一个小袋子,一位穿戴讲究的先生在旁边坐着。

"这个位置空着吗?"老人问。

"不空,被人占了,他去买报纸了,很快就回来。"

"那么,"老人说,"我先坐在这儿,等他回来我就走。"

10分钟过去了,火车开了。"他错过火车了,"老人说,"可不能让他丢了袋子。"

说着他就拿起袋子。正当他要把它扔出窗外时,穿戴讲究的先生跳起来,叫道:"别扔,是我的袋子!"

镇 静

一天夜里,一家乡村旅店突然失火了,许多客人都跑出来,站在外面望着那燃烧的火苗,另一位客人也站了出来。"你们无需如此慌张!"他说道,"看看我,当我听到有人喊房子失火时,我便从床上起来,点了一支香烟,然后泰然自若地穿衣服。当我系上领带后,我觉得它和我的衬衣不相配,于是又把它解下来,换上了另一条,没有丝毫的慌乱! 每当危险发生时,一定要保持镇静,异常的镇静。"

"那真是太好了,"一个朋友说,"不过,为什么你没有穿上你的裤子呀?"

在《是我的袋子》中,那位穿戴讲究的先生同时承认两个互相矛盾的判断"座位上的小袋子是别人的"和"座位上的小袋子不是别人的"都是真的,从而导致自相矛盾的错误。

在《镇静》中,我们依据"另一位客人"那番故作镇静的话与连

裤子都来不及穿的行动,也可以相应形成两个互相反对的判断,即:

当发生火灾时,"另一位客人"非常镇静。

当发生火灾时,"另一位客人"非常慌乱。

笑话的主人公同时承认这两个相互反对的判断为真,从而犯了自相矛盾的错误。

以上实例中的逻辑矛盾都出现在两个判断之间,有时候,自相矛盾的错误也可以出现在一个判断之中。

请看以下实例:

实例一:

长 生 药

有个医生生病快要死的时候,在床上喊着说:"如果有好郎中,能把我的病治好了,我有长生不老药酬谢他,叫他吃了,好活几百岁。"

实例二:

无 人 开 门

甲:你不是答应昨天到我家来修理门铃的吗?

乙:是的。但是我已经来过三次了,每次按门铃,都没有人来开门,我只好走了。

实例三:

请 假

汤姆想得到更长的假日,他装作他父亲的声音打电话给他老师:

"汤姆正躺在床上生病呢!先生,我想他大概有三四天不能去上学了。"

"哦,"老师说,"听到这个消息我很抱歉,不过,这是谁在对我说话?"

"我爸爸,老师。"

实例四:

不 出 卖 朋 友

张乐与牛结巴是一对难兄难弟,他俩常去偷人家的东西。

一天夜里,他们去作案,张乐被保卫人员抓住了。保卫人员审问他:"你还有一个同谋呢?"

张乐充作硬汉说:"好汉做事好汉当,我才不出卖我的朋友牛结巴呢!"

实例一里,那个生病快要死的医生在床上喊着说的话表达了一个多重复合判断,即复合判断的肢判断也包含其他判断的复合判断。

从整个判断来看,这句话表达的是一个充分条件假言判断。其前件是"如果有好郎中,能把我的病治好了",其后件是"我有长生不老药酬谢他,叫他吃了,好活几百岁"。

这里,其前件又是个联言判断,它本身包含了两个其他判断,即"有好郎中"和"能把我的病治好",把这个联言判断整理为典型的逻辑语言表达出来是"天底下有一位好郎中,并且他是能把我的病治好的"。

其后件也是个联言判断,它本身包含了两个其他判断,即"我有长生不老药酬谢他"和"叫他吃了,好活几百岁"。这个联言判断同以上联言判断一样,其联结词并且的语言表达形式被省略。

这里,作为充分条件假言判断的后件这个联言判断的后一个肢判断本身又是一个充分条件假言判断。这个充分条件假言判断的前件是"叫他吃了"，后件是"好活几百岁"。将其整理为典型的逻辑语言，就是："如果让他吃了，他就能活几百岁。"

通过上述分析，我们可以看出这个多重复合判断有三个层次（三重）。第一层次为充分条件假言判断，第二层次是两个联言判断，第三层次是其后一个联言判断的后一个联言肢是一个充分条件假言判断。如果我们借用语法中表示多重复句的方法（"|"表示第一重（层次）；"||"表示第二重，以下可类推），那么，我们可将这一多重复句的层次结构表示如下：

如果有好郎中，||能把我的病治好了，|我有长生不老药
　　联言　　　　　　　充分
酬谢他，||叫他吃了，|||好活几百岁。
　　联言　　　充分

依据这一多重复合判断的层次结构，我们就可以明显看出，在这一多重复合判断中，包含两处逻辑矛盾。

第一处逻辑矛盾，表现在第一层次的充分条件假言判断中，我们可以运用充分条件假言推理的否定后件式来揭露这一逻辑矛盾：

如果你真有长生不老药酬谢别人，那么，你就不必让人来给你治疗使人致死的病；

现在，你求人来给你治疗让人致死的病；

可见，你并没有长生不老药酬谢别人。

这一充分条件假言推理的结论与多重复句中"我有长生不老药酬谢他"构成逻辑矛盾。

"有长生不老药酬谢别人"与"没有长生不老药酬谢别人"之间是不能同真，也不能同假的矛盾关系，根据矛盾律二者不能同真，

而那位医生硬认为可以同真,故违反矛盾律,犯了自相矛盾的错误。

我们通过上面的假言推理,揭露了那位临死医生的逻辑矛盾,也就证明了他"有长生不老药酬谢别人"的话是假的,是骗人的,从而也就是可笑的了。

第二处逻辑矛盾表现在第二层次。作为第一层次的充分条件假言判断的后件的那个联言判断,其前一个联言肢和其后一个联言肢所分别包含的意思之间构成逻辑矛盾:其前一个联言肢"我有长生不老药酬谢他"包含这样的意思,即"吃了那种药可以长生不老(不死)",而其后一个联言肢"叫他吃了,好活儿百岁"却包含了与之相矛盾的意思,即"吃了那种药不会不死"("活好儿百岁"就说明活完这"好儿百岁"后仍旧会死的呀!)。

实例二中,乙的话中包含了这样一个联言判断:"我来你家修理门铃已经来过三次了,可是每次按门铃都没人来开门。"从这个联言判断中,我们可以分析出乙同时承认了"这门铃坏了"和"这门铃没有坏"这两个互相矛盾的思想都是真的。因而,乙在此明显违反了矛盾律,犯了自相矛盾的逻辑错误。

在实例三中,汤姆既承认"这是他在说话",又承认"这是他爸爸在说话",而这二者之间显然是相互矛盾的,因而是不能同真的。汤姆硬要承认二者同时为真,当然是一个十分可笑的逻辑矛盾!

在实例四中,那个名叫张乐的罪犯,就在他声称所谓"不出卖朋友"的同一句话里,已经向保卫人员说出了他朋友牛结巴的名字。其在同一判断中表现出来的自相矛盾的错误是再明显不过了。

利用逻辑矛盾引人发笑,是笑话、幽默的一种重要表现手法,如同出现在笑话、幽默中的其他逻辑错误一样,自相矛盾的错误在笑话与幽默中,有时是露骨的,有时则是不那么明显的,看上去,似乎并非矛盾,而需要好生分析一下才能揭示出来的,而有时甚至是笑话、幽默的创作者故意制造出来的。这些情况,大家可自去体会,我们不再像在讲违反同一律的错误时那样分类加以说明。

最后请大家集中地欣赏一束包含有自相矛盾错误的笑话、幽默。在欣赏的同时,最好试着对它们作一些简单的逻辑分析。

和 尚 炒 虾

和尚偷偷地买了一些虾,放到锅里去炒。虾在锅里乱蹦乱跳,和尚就合拢手掌低声念到:"阿弥陀佛,忍耐点,等一会儿炒熟了,就一点也不疼了。"

性命也不要了

主人留他的朋友吃饭,可是桌上的菜,却只有豆腐。他对朋友说:"我最喜欢吃豆腐。豆腐是我的性命,我觉得任何菜都不及豆腐好。"

隔了几天,他到这个朋友家里去,朋友也留他吃饭。以为他最喜欢吃豆腐,就在鱼、肉里面都和上豆腐。哪知他不吃豆腐,却只拣鱼、肉吃。

朋友说:"你说豆腐是你的性命,今天为什么不吃了?"

他说:"一见鱼、肉,我连性命也不要了。"

电 站 告 示 牌

电站外高挂着一个告示牌,上面用红笔大书:严禁抚摸电线! 五百伏高压,一触即死。违者法办。

一 封 情 书

一个叫基特尔的小伙子给他的女朋友写信:

"亲爱的,为了你,我准备奋不顾身地横渡大洋,毫不犹豫地跳进深渊;为了见到你,我要克服任何困难……星期天我准时到你那里去,如果天不下雨……"

家长的"教育"

事情发生在×市。

老师:你的孩子还是经常骂人和说粗话,希望你协助……

家长(立即很生气地把儿子叫来):你这龟蛋,真把我气死了! 谁又教你说粗话的? 上次老师走了之后,我不是已经骂了你一顿,还说过再敢说一句粗话,便要揍死你的! 怎么还敢说? 真他妈的! 妈的……

没 有 偷 看

一位妇女在邮局里写信,发现坐在她身旁的一位老先生正在偷看她的信。妇女因此发怒了,她在信上接着写道:"我不多写了,因为有人在偷看信的内容。"

"啊! 我抗议,我没有看你的信。"那位先生大声喊道。

看你还撒谎

妈妈:乖乖。你过来!

孩子:不,你会打我。

妈妈:妈不打你,你听话,快过来呀!

孩子:哎唷! 你说不打人又打人! ……

妈妈:你这坏东西,非打你一顿不可。看你今后还敢撒谎不!

没 有 时 间

公园林荫树下,有两位老人正在对弈,一个青年人在旁边观战。

一局方休,老人抬头,对观战者说,"喂,伙计! 你也来一局吧? 你在旁边观战不下一小时了。"

旁观者连忙说,"谢谢,不过我没有时间!"

聪明的小约翰

约翰是个聪明的孩子。他的学习成绩不算很好,但老师认为他处理问题有独到之处。一次,老师约了一位心理学家来考问他。心理学家开门见山就问:"《罗密欧与朱丽叶》是谁的作品?"

约翰懒洋洋地回答:"我怎么知道? 像我这样年纪的孩子是不会看莎士比亚的作品的!"

五十五

"告荒"·"搞错后代"

——运用归谬法揭露逻辑矛盾

请欣赏两则幽默对话:

朗宁与竞选对手的对话

加拿大友人朗宁生于中国,并热爱中国。为此,在他三十岁那年竞选州长时曾遭到竞选对手的攻击。

竞选对手:"听说你是吃中国奶妈的奶长大的,是吗? 如此看来,在你身上,无疑具有中国血统了。"

朗宁:"你说得很对。不过,据权威人士披露,你是吃牛奶长大的,是吗? 如此看来,在你身上,无疑具有牛的血统了。"

贝尔克里与一位美国参议员的对话

一位美国参议员:"所有共产党人都攻击我,你攻击我,所以,你是共产党人。"

贝尔克里(美国逻辑学家):"从逻辑的观点来看,你这话跟如下的推论完全是一回事:所有的鹅都吃白菜,你吃白菜,所以,你是鹅。"

以上两则幽默的逻辑力量在于,朗宁与贝尔克里都运用归谬法揭露出对方的逻辑矛盾,从而让人会心微笑,达到了幽默的艺术效果。

所谓归谬法,是我们日常思维和表达中常用到的一种反驳方法。归谬法以矛盾律作为它的基础。这种方法从对方认为是正确的观点(论题)A 出发,推出明显荒谬的结论。根据充分条件假言推理的否定后件式,就必然导致对对方论题的否定。

对方论题为 A,那么,对对方论题的否定为非 A,假若既承认A 真,又承认非 A 真,就是逻辑矛盾。这样,对方的逻辑矛盾就被揭露出来了。为了避免这一逻辑矛盾,根据矛盾律,当我们得出非A 真时,就必须得出对方论题 A 假(对方的观点 A 不能成立)的结论。于是,对方的论题就被驳倒。

归谬法的逻辑结构如下:

对方的观点(被反驳的论题):A

归谬过程:

① A→B

如果承认 A 是真的,那么就必然推出明显荒谬的结论 B。

② A→B

$\overline{B}$

∴ $\overline{A}$

根据充分条件假言推理的否定后件式,就必然导致对对方论题的否定。

这一公式包含两层意思:(1) A 与非 A 是互相否定的判断,不能同真。如果同时承认二者为真,就是逻辑矛盾,如此,对方的逻辑矛盾被揭露。(2) 为了避免这一逻辑矛盾,根据矛盾律,当我们运用假言推理得出非 A 真时,就必须得出对方论题 A 假的结论,于是,对方论题被驳倒。

现在,让我们先来分析第一段幽默对话。

在朗宁与竞选对手的对话中,竞选对手的观点"朗宁具有中国血统"(A)是被反驳论题。

朗宁的归谬过程是:

① 首先证明,如果承认"朗宁具有中国血统"(A)是真的,那么,就必然推出"竞选对手具有牛的血统"(B)这一明显荒谬的结论。

朗宁的这一证明,是通过构造与竞选对手的推理的逻辑形式完全相同的推理来实现的。

竞选对手证明"朗宁具有中国血统"运用了如下三段论:

> 所有吃中国奶妈的奶长大的人都具有中国血统;
>
> 朗宁是吃中国奶妈的奶长大的人;
> _____
>
> 所以,朗宁具有中国血统。

朗宁所构造的与以上三段论的逻辑形式完全相同的三段论是:

> 所有吃牛的奶长大的人都具有牛的血统,
>
> 竞选对手是吃牛的奶长大的人;
> _____
>
> 所以,竞选对手具有牛的血统。

在此,朗宁的意思很清楚,就是说:如果我朗宁身上具有中国血统的话,那么你竞选对手身上就一定具有牛的血统。这是因为,你我这两个命题(表达判断的语句叫命题)都是由一个共同的逻辑形式而来的。而你身上具有牛的血统显然是不可能的(明显荒谬),人怎么会具有牛的血统呢?

② 然后,根据充分条件假言推理的否定后件式导致对竞选对手论题的否定,这就既揭露了竞选对手的逻辑矛盾,同时也驳倒了竞选对手的论题。其中的推理过程如下:

> 如果朗宁具有中国血统(A),那么,竞选对手具有牛的血

统（B）；

    竞选对手具有牛的血统是假的，明显荒谬的（B̄）

    所以，朗宁具有中国血统也是假的（Ā）。

下面我们来分析第二段幽默对话。

在贝尔克里与美国参议员的对话中，美国参议员的观点"贝尔克里是共产党人"（A）是被反驳的论题。

贝尔克里的归谬过程是：

    ① 首先表明，如果承认"贝尔克里是共产党人"（A）是真的，那么，就必然得出"参议员先生是鹅"（B）这一明显荒谬的结论。这样，就会形成一个充分条件假言判断："如果贝尔克里是共产党人，那么参议员先生是鹅"。

这里，形成"如果贝尔克里是共产党人，那么，参议员先生是鹅"这一充分条件假言判断也同第一段幽默对话一样，是通过构造与对方的逻辑形式完全相同的推理来实现的。

美国参议员证明贝尔克里是共产党人的推理过程是：

    所有共产党人都攻击我；

    贝尔克里攻击我；

    所以，贝尔克里是共产党人。

贝尔克里所构造的与此逻辑形式一样的推理是：

    所有的鹅都吃白菜；

    参议员先生吃白菜；

    所以，参议员先生是鹅。

贝尔克里的意思已经表达得很清楚，就是说，从逻辑的观点看来，参议员先生的话跟以上推论是一致的。假若承认了参议员先生的结论，就一定要承认我贝尔克里这里得出的结论"参议员先生是鹅"。显然,这个结论是荒谬的,谁都不会相信参议员是鹅嘛!

② 然后,根据充分条件假言推理的否定后件式导致对对方论题的否定。这里,也和第一段幽默对话一样,既揭露了对方的逻辑矛盾,同时也就驳倒了对方的论题。其推理可表达如下:

如果贝尔克里是共产党人(A),那么参议员先生是鹅(B);

参议员先生不是鹅($\overline{B}$);

所以,"贝尔克里是共产党人"这个论断是不成立的($\overline{A}$)。

前面四十三题中,那位埃及妇女在与鳄鱼的争辩中也是通过构造一个与鳄鱼相同形式的推理,并运用归谬法对鳄鱼的论点进行反驳的。

运用归谬法揭露逻辑矛盾,进而表明对方论题的虚假,这也是笑话与幽默的一种常见艺术手法。

请看幽默《马克·吐温的药方》:

一个初学写作的青年,给马克·吐温写了封信说,听说鱼骨里含有大量磷质,而磷质有补于脑子,那么要想成为一个作家,就一定得吃很多鱼了。他问马克·吐温:"你是否吃了很多鱼,吃的又是哪种鱼呢?"马克·吐温在自信中告诉他说:"看来,你要吃一对鲸鱼才行。"

这里,马克,吐温用归谬法揭露了那位初学写作的青年的逻辑矛盾,同时,指出了他的错误。

那位青年的错误观点是"要想成为一个作家,就一定得吃很多鱼"。马克·吐温从他这个论题出发,极其幽默地推出,"看来,你(那个要想成为作家的青年)要吃一对鲸鱼才行。"很明显,谁也不可能吃下一对鲸鱼,即是说,这个由论题所推出的思想是荒谬的。我们依据这个被推出思想的荒谬性,就可以运用充分条件假言推理证明其论题,即那个青年的观点是错误的。

那位青年的观点为 A,证明了那位青年的观点是错误的,也就是说"非 A"是真的。根据矛盾律,当"非 A"为真时,A 不是真的,而那位青年正是承认了 A 是真的,可见,他犯了自相矛盾的错误。这里,既揭露了那位青年自相矛盾的错误,同时也驳倒了他的错误观点。

在这一幽默实例中,其归谬过程的一些判断的语言表达形式是被省略了的,这种语言形式的省略往往使幽默更富于幽默感,这是因为,这种省略,使读者自己能够体会到某些不便明言的东西。(比如,在此,"那位青年的观点(A)是错误的"这一结论就不便明言。)而一当读者体会到这不便明言的东西,就会情不自禁地生发出"会心的微笑"。而使人会心微笑则正是幽默这种文学样式最为本质的东西,也是它区别于笑话的主要特点。

请欣赏幽默:

年轻的莎士比亚

编辑:"这诗是你写的吗,年轻人?"

年轻人:"是,每一行都是我写的。"

编辑:"那么,见到你我很高兴,莎士比亚先生。我以为你早已去世了呢!"

"这诗是年轻人写的"(A)与"这诗是年轻人从莎士比亚那儿抄来的"(B)是两个互相矛盾的判断,不能同真,当"这诗是年轻人从莎士比亚那儿抄来的"为真时,根据矛盾律,"这诗是年轻人写的"必假。而年轻人硬说这首诗是他自己写的,这就暴露了其"自相矛盾"的逻辑错误。

在这则幽默中,也包含了编辑运用归谬法揭露年轻人逻辑矛盾的思维过程。

这一思维过程大致是：

首先，从"这诗是年轻人写的"这一思想出发，推出了"莎士比亚先生还活着，并且年轻人就是莎士比亚先生"的荒谬结论。

然后，运用充分条件假言推理的否定后件式，揭露年轻人的逻辑矛盾，同时驳倒其"这诗是我写的"的观点。这一归谬过程所运用的假言推理可整理表达为：

> 如果这诗是你写的，那么莎士比亚还活着，（而且你就是莎士比亚）；
>
> 莎士比亚不可能活着，（你也不可能是莎士比亚）；
>
> 所以，这诗不是你写的（而是从莎士比亚那儿抄来的）。

这里，"这诗不是你写的（而是莎士比亚那儿抄来的）"在幽默中是一个不便明言的判断，但年轻人是能够领会出来的。在此，也正是对这一"不便明言"的判断的语言形式的省略增加了这则幽默的幽默意味。

筷子与金属刀叉

一家人在吃饭，儿子十分感慨地说："先进与落后，文明与愚昧，即使在使用餐具上也能体现出来。外国人用的是金属刀叉，我们用的却是两根竹筷子。"

父亲听了这话很不顺耳，但他没发火，想了想说："这个问题不难解决。"他拿起火钳，一把塞给儿子说："给，使用这个吃，也是金属的，很好夹菜！"

这个儿子既崇洋又对东西方文化的异同缺乏了解。对此，父亲不是滋味，但他没有训斥之，而是用归谬法，对儿子进行了幽默性批评。这可说是幽默力量与逻辑力量的巧妙合用。当然，如果父亲能在这一幽默批评之后,将"筷子"的历史娓娓道来,说明"筷子"不仅是中国餐具文化的集中体现,同时也是东方文明中贴近生活的一大亮点之类的道理,就会更加令人口服心服。假若父亲能够进一步幽默地补充说出类似如下的话,也许个中意味会更加深长:

> 其实,东西方的餐具文化各有其特色,它们都是人类文明的宝贵财富,决无先进与落后之别。如果说,一位西方名人说过,"给我一个支点,我将撬动地球!"那么,难道我们中国人不会拥有这样的格言——给我一双筷子,我会拨动全人类的心灵!

以下笑话或幽默也都是运用归谬法以揭露对方逻辑矛盾,同时驳斥对方错误观点的实例,请大家欣赏,并试着进行逻辑分析:

告　荒

有个老人到县衙那里报告灾情。县官问道:"今年麦子收成怎样?"

老人说:"收了三成。"

"棉花收成怎样?"

"收了二成。"

"稻子收成怎样?"

"收了二成。"

县官听完,勃然大怒道:"大胆刁民! 收了七成年景,还敢来报灾?"

老人想了想说:"大人息怒,小人活了一百几十岁,确实没见过这么大灾情。"

县官看他的年纪,不像过百岁,问他到底多大岁数。

老人说:"小人今年七十岁,大儿子四十岁,小儿子三十岁,合在一起,不是一百几十岁么?"

大家听了,哄堂大笑。

搞 错 后 代

有一班文武官员正在观看《七擒孟获》的川剧。

一个武官说,"真想不到,孟子的后代孟获居然如此野蛮。"

众人听后,不禁掩口而笑。

哪知一个文官接口说道:"仁兄所见极是,还是孔夫子的后代孔明更强一些。"

大家也许还记得,我们在前面讲充分条件假言推理的否定后件式时,曾经以《搞错后代》这则笑话为实例,讲解了充分条件假言推理的否定后件式。这里,我们要求大家从归谬法的角度来欣赏这则笑话。请大家想一想,这则笑话中,文官是怎样运用归谬法来揭露武官的逻辑矛盾,同时驳倒武官的谬论的。

由此可见,同一则笑话或幽默,往往是可以从不同角度对之进行逻辑分析的,这需要我们既要掌握逻辑知识的各个方面,同时也要从整体性上把握逻辑学的完整体系,才能在逻辑分析和逻辑欣赏中处于主动地位。

五十六

"死活未定"·"做茶几"

——排中律

死 活 未 定

某剧团编写了一个剧本,排好后,请领导前往审查。看后,张领导指示把主人公写成最后活着,李领导指示把主人公写成最后死去。团长感到很难办。创作人员说:"这样吧,我写两个结尾,张领导审查,就演主人公活着,李领导审查,就演主人公死去。"团长一听,点头同意了。

修改本排好后,再次请领导审查。剧团专门派人到门口"侦察",看是哪个领导来。

一会儿,"侦察员"来报告说:"张领导和李领导都来了。"团长一听,不知怎么办好。创作人员对着团长耳朵说了几句,演出开始了。

戏演到接近结尾,台上忽然宣布:"演出到此结束。"张领导、李领导听了,同时走向后台,问道:"戏为啥不演完?"

创作人员站出来说:"是这样的,主人公得了急病,正在医院动手术,目前死活未定。"

"主人公最后活着"和"主人公最后死了"是两个不能同真,不能同假的具有矛盾关系的判断。当一个剧本的结局要么是主人公活着,要么是主人公死了的情况下,我们必须要选择其一而定之。

这是排中律的要求。

所谓排中律，是逻辑学的又一条基本规律。这条规律的内容是：在同一思维过程中，两个互相矛盾的判断，必有一个是真的。

排中律要求我们：在同一思维或议论过程中，必须在互相矛盾的两判断间肯定其中一个，不能两个都否定，也不能含糊其辞。否则，就会犯"模棱两不可"的逻辑错误。

在《死活未定》这则笑话中，某剧团编排剧本的整个过程，可当作同一思维或议论过程看待。那么，根据排中律的要求，在这个剧本的结局要么是主人公活着，要么是主人公死了的情况下，我们必须在"主人公最后活着"与"主人公最后死了"之间选择其中一个作为剧本的结局。

作为剧本的编排者，只要有其充分的编排权的话，大概是不会违背排中律要求的。怎奈这个"编排者媳妇"遇到了两个恰好持相反意见的"婆婆"。张"婆婆"要主人公活，李"婆婆"要主人公死。而"媳妇"嘛毕竟是"媳妇"，"媳妇"怎能不听"公婆"的指挥呢！看来，咱们的创作人员还算机灵，给感到为难的团长出了个团长一听就表示点头同意的主意，即写它两个结局，让主人公既活又死，好叫张"婆婆"看主人公活，李"婆婆"着主人公死。

然而，事情绝不会到此为止。终于，"张婆婆"和"李婆婆"同时到来审查。当戏演到接近结尾时，我们的创作人员也就只好宣布"主人公得了急病，正在医院动手术，目前死活未定"了。

说"主人公死活未定"，这就是既不承认"主人公最后活着"，也不承认"主人公最后死了"。也就是说，创作人员在两个互相矛盾的判断间，不能肯定其中任何一个，而是两个都否定。这就明显违反了排中律的要求，从而犯了"模棱两不可"的错误。

还有个相映成趣的笑话：

做 茶 几

工长交给木工老齐一个紧急任务：给接待室做个方茶几。

老齐刚把方茶几做好，主任来了，觉得方茶几太土气，叫老齐改成圆的。

锯呀，刨呀，转眼间方茶几变圆了。偏巧书记走来，觉得圆茶几不适用，命令老齐快改成方的。

又是锯呀，刨呀，木块、刨花越来越多，茶几虽又改成方的，却变成幼儿园的小板凳了。

"茶几做成方的"和"茶几做成圆的"，在这一特定语境下，是两个相互矛盾的判断，根据排中律的要求，就必须肯定其中一个。可是，工长要做方的，主任要做圆的，这就害得木工老齐不得不违反排中律的要求，既不做方茶几，又不做圆茶几，而是"含糊其辞"地做了个"幼儿园的小板凳"。

看来，"逻辑"这个精神的东西在此转化成了物质力量，使违反排中律的人们受到惩罚。这里惩罚的是谁呢？ 是木工老齐吗，还是工长和主任呢？ 想来，答案大家都是心领神会的。

再请欣赏笑话：

糖 醋 里 脊

某同志说话左右逢源，不偏不倚，八面玲珑。一天，甲、乙两人找某同志当面试验。

甲：我说水果中唯有苹果好吃。

乙：不，我说唯有梨子好吃。

甲、乙（同时问某同志）：你说什么好吃？

某同志，嘿嘿……我说唯有一种嫁接的新品种"苹果梨"

好吃。

甲：我看衣服穿大一点舒服。

乙：我看穿小一点利落。

甲、乙(同时问某同志)：你看呢?

某同志：嘿嘿……我看穿带松紧的衣服最好。想大,就大;想小,就小。

甲：我爱吃带甜味的菜。

乙：我爱吃带酸味的菜。

甲、乙(同时问某同志)：你爱吃什么味道的菜?

某同志：嘿嘿……我爱吃"糖醋里脊",既带甜味,又带酸味。

在这则笑话中,某同志的"左右逢源,不偏不倚,八面玲珑"令人捧腹大笑。其令人发笑的逻辑基础就在于他明显地违反了排中律的要求,犯了模棱两不可的错误。

我们只以笑话中的第一段对话为例加以分析。

如果脱离开语境看,甲的话"我说水果中唯有苹果好吃"与乙的话"我说唯有梨子好吃"是一对互相反对的判断,即是说,二判断之间是反对关系,而不是矛盾关系,因为除苹果和梨子之外,其他水果多的是。那么这时某同志站出来说"并非唯有苹果好吃,也非唯有梨最好吃",并不违反排中律,因为排中律只适用于两个互相矛盾的判断,而不适用于两个互相反对的判断。两个互相反对的判断是可以同假的,我们不能根据排中律非承认二者必有一真不可。

然而,在这一特定的语境下,"我说水果中唯有苹果好吃"与"我说水果中唯有梨子好吃"恰是一对矛盾判断,因为在甲乙同时问某同志这句话里，就表明了他们的意思是，让某同志只就这二者作一个比较性的回答，这就给某同志说明，他必须在这二者择一而肯定之。

某同志的回答中，显然既没有肯定甲的话，也没有肯定乙的话，而是含糊其辞地说经过嫁接的新品种"苹果梨"最好吃。而"苹果梨"当然既非苹果，又非梨。这里，某同志非常明显地犯了"模棱两不可"的错误。

以下两则笑话中也包含了违反排中律要求的错误，请大家赏析：

好 好 先 生

东汉时，有个人叫司马徽，对人说起话来，总是频频点头说："好，好。"

有一次，他的朋友难过地告诉他，自己的儿子病死了。他点着头说："好，好。"朋友走后，他的妻子冲着他骂起来："人家悲痛地告诉你死了儿子，你却说'好，好'！难道你疯了？"这个人又笑眯眯地点点头说："你说得好，好。"

难 为 了 孩 子

星期六下午，托儿所放假。一个宝宝突然喊："阿姨！我要大便！"阿姨回答："憋住！回家拉！"

宝宝一回到家就叫："妈妈，我要拉屎！"妈妈说："讨厌，为什么不拉完了回家？"

五十七

"模棱两可"·"狗的遗嘱"

——"两可"与"两不可"

我国古代有一个题为《模棱两可》的成语笑话故事说:

唐朝有个苏味道的人,本来很有才学,几岁时就能写文章。

二十岁时就考取了进士。后来武则天做了皇帝,拜他做宰相。当他做了几年宰相后,就只求保持个人的地位和要求了。在处理事情时,毫无主见,总是说这样办也行,那样办也行,从不明确表示自己的态度和意见,更谈不上有什么创建和改革。别人问:你当这么大的官,为何对每件事都不能作出明确的决断呢? 他说,不作决断就不会犯错误,而犯了错误就要负失职的责任。他还声称这就叫做"模棱以持两端"。

于是,从此以后,就有人叫他"苏模棱"。

这里,"模",是指用手握东西,"棱"是指物体的棱角。"模棱",就是没有把握到物体准确的方向,不知哪是头,哪是尾,反正头和尾都有棱角。因此,后来的人就把对待事物含糊的、不明确的意见或态度叫做模棱两可。

长期以来,我国的逻辑教科书都借用模棱两可的成语来表示违反排中律的错误。

20 世纪 80 年代以来,才开始有人指出,用"模棱两可"来表示违反排中律的错误是不确切的。应该用"模棱两不可"来表示这种错误。

就拿"苏模棱"的"模棱以持两端"之说来看,这里的两端,可以解释为互相矛盾的判断。"模棱以持两端"可以解释为对互相矛盾的判断,既不肯定,也不否定。很明显,这里描绘了"不置可否"这种违反排中律的错误情况。而"模棱两可"中的"两可",我们则可以将它理解为承认了二相互矛盾或反对的判断可以同时为真这种意思,而照这种理解,"模棱两可"所描绘的恰恰是违反矛盾律的错误。显然,认为二相互矛盾的判断"两不可"才是违反排中律的错误。所以,只有用"模棱两不可"来表示违反排中律的错误才是确切的。

以《模棱两可》的成语笑话故事为例,当苏模棱说某件事这样办也行,那样办也行,实际是同时承认二相互矛盾的或反对的判断为真,故其所违反的是矛盾律,其所犯错误是自相矛盾,或曰:"两可"的错误。只有当他对某事不明确表示自己的态度和意见时,即在二矛盾判断中,不对其一表示肯定意见时,其所违反的才是排中律,其所犯的错误才是模棱两不可或曰"两不可"的错误。

以下笑话的主人公违反的是排中律:

报请上级决定

某领导同志在"四人帮"垮台后,仍然心有余悸,不论遇到什么事情,都不敢作主,一律推给上级。

托儿所所长向他请示:"我们想给孩子添置一些玩具,你看……"

"报请上级决定。"

生产科长向他汇报:"实验室地方太小,应增加两间房子。

你考虑……"

"报请上级决定。"

他爱人和他一起看《白蛇传》,对他说:"我看许仙太没良心了,白娘子干脆和他离婚。你说呢……"

"报请上级决定。"

这里,某领导不论遇到什么事都不敢作主,从逻辑上讲,也就是在二矛盾判断中,不敢承认其中一个为真,其所违反的是排中律,其所犯的错误是"模棱两不可"。

以下幽默中的牧师所违反的是矛盾律:

狗 的 遗 嘱

农夫养了条狗,很爱它。它死后,特地为它墓葬,竖十字架。牧师知道这事很生气,非要狗的主人把它挖出来,扔到粪坑里不可。

农夫怀着悲伤的感情说:"你不知这是条多好的狗呀!它临死前还对我说,'要我给牧师一百个金币,神父三十个,教士……'"

牧师捏捏发酸的鼻子,"难为它义重如山……就让它安息吧!"

这里,牧师同样是对待一条死狗,先是非要狗的主人把它挖出来,扔到粪坑里不可,紧接着又说"……就让它安息吧",他在同一思维过程中,承认二相互矛盾的判断都为真,犯了"两可"的错误。其所违反的是矛盾律。

通过这样的比较,我们对违反矛盾律与违反排中律所犯错误的区别应该说就较为清楚了。

五十八

"唐伯虎画真容"

——充足理由律

唐伯虎画真容

江南才子唐伯虎,不仅才气横溢,而且疾恶如仇。

一次,他决定要教训一下杭州一位阴险奸刁、敲诈勒索成性的客栈老板。于是他在客栈门前摆下画摊。不久客栈老板果然来找唐怕虎画真容了。唐伯虎说:"画真容,得分等论价。一等福相二十两银,二等十两,三等贱相只要十个铜板。老板你生就的福相,当然要二十两银子。"

客栈老板说:"好吧,就依你的。但如果画得不像,必须倒赔二十两银子。"唐伯虎胸有成竹,点头同意。

一袋烟工夫,唐伯虎就画好了。老板暗自吃惊,但偏偏说道:"不像我,鼻子都是平的。"同时,要唐伯虎赔偿二十两白银。

唐伯虎微笑着说,"既然不像,请老板在画旁写上'不像我'三字。"老板执笔写就,便拿着二十两银子溜回家去了。

次日,画摊迁到县衙门大街上,那张画高挂着,画上的人戴着手铐,右角上还写着"贱相"二字。不久,围观者已挤得水泄不通。其中不少人都认得那位老板,他们见到老板的真容那样地挂着,许多人都笑着合不拢口。有位老板的朋友,把消息报告了老板。老板又气又恼,只好打发伙计带二十两白银,到县衙门大街去买那张画。可是伙计不久回禀老板:"唐伯虎说你的真容要三十两白银才卖。"

老板一听,火冒三丈,但又怕那画老挂着,弄得自己名声扫地,便亲自带上三十两银子急匆匆地走出家门。

谁知当他赶到衙门前,画摊巴无影无踪了。一打听,才知又搬到了西大街。他又上气不接下气地跑到了西大街,只见人们指指戳戳,正议论"贱相"。

有个看客见老板来了,故意大声说道:"老鹰鼻,三角眼,大字眉,蛤蟆脸! 你们看他是谁哟!"人们一听,陡地把视线转向老板。

老板结结巴巴向唐怕虎买画。唐伯虎说:"老板,先前你舍不得花二十两银子买福相,现今为啥要花四十两银子买贱相呢!"

"怎么,又涨价了?"对,又涨价了! 下次来,还要涨呢!"老板一听,担心再涨价,只好连声应承。但他只带来三十两银子,只好脱下身上那件花了十两银子做的长衫,连银交给了唐伯虎。唐伯虎顺手一指:"贱相,你就取走吧。"

大家看完这则笑话故事,一定会在捧腹大笑之余赞叹唐伯虎的聪明机智。唐伯虎对老板的教训实在太好、太妙了。

从逻辑上讲,唐伯虎对老板的教训其所以"好"和"妙",就在于他遵守了充足理由律。

充足理由律是逻辑学的又一条基本规律。

充足理由律的内容是:在任何思维表达过程中,一个判断被确定为真,是有充足理由的。

被确定为真的判断叫推断,被用来确定推断为真的一个或一组判断叫理由。而充足理由就是不仅本身是真实的,而且由它本身的真实能够必然推出推断的真实性的一个或一组判断。

充足理由律的公式是:A真,因为B真,并且如果B真,那么A真。

这里,"A"表示被确定为真的判断,即推断,"B"表示用来证明"A"真的理由;"B"可以是一个判断,也可以是一些判断。"A真因为B真,并且如果B真,那么A真"的意思是:在同一思维议论过程中,一个判断A之所以能被确定为真,是一定还存在着另一个或另一些真实的判断B,并且从B真能必然推出A真。在此我们把其本身为真,并由它本身的真能必然推出A真的B,叫做A的充足理由。即是说,在"A真,因为B真,并且如果B真,那么A真"这一充足理由律的公式中,B就是A的充足理由。

由此可见,充足理由有两个特点:1. 理由本身真实;2. 真实的理由与推断之间有必然联系。

相应,充足理由律对我们的思维表达就有两个要求:

① 理由必须真实。

② 理由与推断之间有逻辑联系,从理由能够必然推出推断。

现在,我们来分析,为什么说唐伯虎对老板的教训是遵守了充足理由律的。

唐伯虎对老板的教训可归结为如下思维过程:

唐伯虎决定给老板画真容时,就拿定了这样的主意,即:真容画好后,如果老板认为画得像,他就得立即付二十两银子,如果老板偏要歪着嘴巴说画不像,唐就暂时倒赔他二十两银子,然后,就采用笑话故事中所叙述的那种办法,弄得他声名狼藉,并且最后不仅退回唐倒赔他的二十两银子,而且还得被迫再付二十两银子。

这一思维过程可整理为如下二难推理:

如果老板认为真容画得像,那么,他得拿出二十两银子;

如果偏偏要歪着嘴巴说真容画得不像,最后也得被迫拿出二十两银子;

老板或者会说画得像,或者会说画得不像;

总之,老板都得拿出那二十两银子。

在这一思维过程中,"老板都得拿出那二十两银子"是被确定为真的判断即推断。而其余三个判断(两个假言判断和一个选言判断)是用来确定推断为真的理由。这三个判断本身是真实的(我们可以运用真值表看出);而且,它们同推断之间有必然的逻辑联系。(这里正确地运用了二难推理的简单构成式)即是说,在此,唐伯虎的思维过程完全符合了充足理由律的两个要求。所以,唐的推断是有充足理由的。也就是说,唐伯虎对老板的教训其所以成功,从逻辑上讲是因为他遵守了充足理由律。

五十九

"臭味相投"·"太阳怕月亮"

——虚假理由

臭 味 相 投

两个女人在一起谈心——

甲：你觉得在我们周围的男朋友中哪个最漂亮，最美？

乙：当然是 A 君。

甲：怎么见得？

乙：他很有钱！

甲：对啦！我们的观点完全一样。

乙：（会心一笑）

这则幽默其所以令人发笑，从逻辑上讲，是由于它揭示了违反充足理由律要求的错误。

这里，"A 君最漂亮"是推断，"他很有钱"是理由。那么，乙是怎样依据理由推出推断的呢？原来，他进行了如下的推理：

最有钱的男朋友最漂亮；（语言形式省略）

A 君是一最有钱的男朋友；

所以，A 君最漂亮。

显然，在这个推理中，语言形式被省略的"最有钱的男朋友最漂亮"也是"A 君最漂亮"的理由，而这一理由本身是一个不真实的判断。可见，乙的推理违反了充足理由律的"理由必须真实"这条要求。

违反充足理由律关于"理由必须真实"这条要求所犯的错误叫做"虚假理由"。在此,乙犯了"虚假理由"的错误。

一般说来,虚假理由的错误往往是因推理的前提虚假而造成的。

为了证明一个推断而无中生有随意捏造的所谓理由,也是"虚假理由"。

请欣赏一则外国幽默:

知识和头发

某人跟一个面貌丑陋的教长打趣:"你赞美真主,就因为他把你造得这么美吗?"

"我虽然长得难看,"教长高傲地反驳说,"然而真主赐给我的知识,就跟你的头发一样多!"

对方脱下帽子,说道:"这下你怎么讲?"原来,他是个秃子。

这里,那位丑教长的意思可以分析为,他赞美真主的理由是他的知识多。他的知识多到什么地步呢? 据他自己说,比对方的头发还多。可是对方是个秃子,一根头发也没有。这下他的判断失误了! 这样一来,他那"知识多"的理由也站不住脚了。即是说,这一理由的真实性至少是没有得到证实的。逻辑学把这类本身的真实性未被证明或有待证明的理由叫做"预期理由"。显然,"他的知识多",在此充其量也只是一个"预期理由"。

教长这一"预期理由"是他自己随意编造的,也可以归入"虚假理由"这一类。

下面一则幽默表现出童真情趣的幽默感,弟弟的推断"太阳一定怕月亮"的理由是虚假的:

太阳怕月亮

弟弟对哥说，"太阳一定怕月亮吧？"

哥哥："你怎么知道呢？"

弟弟："因为它只敢白天出来。晚上月亮一出来，它总是躲着不敢露面。"

弟弟所说的最后一句话是"太阳一定怕月亮"的虚假理由。这是因为：它是一种拟人化的说法，"敢"和"躲"分别是表示意识现象和行为现象的概念，太阳是一个无生命的天体，哪能有"敢"和"躲"这样的意识和行为？显然，弟弟这个理由是随意编造出来的，是"虚假理由"。

下面是一则逗趣性的幽默：

母鸡的腿

"爸爸，为什么母鸡的腿这么短？"

"傻瓜，连这点你都不懂？要是母鸡的腿长了，下蛋时，蛋不就要摔碎了吗！"

这里"母鸡的腿长了，下蛋时，蛋就要摔碎"是"母鸡腿短"的理由。这一理由显然虚假，理由表现为一个充分条件假言判断，其前件与后件间无充分条件联系，是一个假判断。

再看幽默：

换 铅 笔

小妹妹对哥哥说："哥哥，咱俩把铅笔换换吧。"

"为什么？"

"我那支铅笔不行啊，总是写出许多错别字。"

这里，天真的小妹妹所说"我那支铅笔不行"是同哥哥"换铅笔"的理由。但这个理由也至少算是个预期理由，它并未得到"证明"。显然,以"总是写出许多错别字"来证明"我那支笔不行"是不行的。事实上,小妹妹这个"预期理由"是永远不会被证明为真的,因为它也是个"虚假的理由"。

再看下面一则带童真情趣的幽默:

北 极 探 险 家

"爸爸,我长大了要当个北极探险家。"

"那太好了,比尔。"

"我想从现在起就进行训练。"

"怎么训练?"

"我想现在每天吃一杯冰淇淋,以便将来能适应寒冷的北极……"

天真的孩子为能每天吃到一杯冰淇淋而找了个他自己认为充足的理由,而这个理由在大人看来则是非常明显的"虚假理由"。

六十

"夫人的见解"·"这个城市一定很有钱"

——"推不出"

违反充足理由律的第二个要求,即,"理由与推断之间有逻辑联系,从理由能够必然推出推断",就会犯"推不出"的逻辑错误。

借用"推不出"的逻辑错误来达到幽默或讽刺的艺术效果,也是笑话、幽默常用到的一种表现手法。

请看以下笑话幽默实例:

夫 人 的 见 解

一位夫人到画商那儿去,想买一幅静物画。她挑来选去,终于挑了一幅画着一束花,一碟火腿和一个圆面包的画。

"要多少钱?"她问道。

"五十镑,这可是非常便宜的了。"

"可是前几天,我看见一幅跟它几乎一模一样的,才卖三十镑。"

"那它一定画得不好。"画商肯定地说。

"不,它比这幅好多了。"

"为什么?"

"它那个碟子里的火腿比这幅多得多。"

作 文

小明和小聪同在五年级一个班里学习。一次,语文老师布置写作文,题目是《我的妈妈》。当晚,兄弟俩把作文做好了,第二天上学时交了上去。老师看过后,把小聪叫去问:"你的作文和你哥哥写的为啥一模一样?"小聪回答说:"因为我们是同一个妈妈呀!"

地　震

一位马赛人向人家讲述他曾碰到过可怕的地震。

"那时你一定很害怕吧?"人们问他说。

"不,也不太怕。"这位马赛人说,"那时地抖动得比我还厉害呢!"

罚　款

一个人被传到法院,因为他骂邻居是猪,被罚款二百法郎。

"法官先生,上一次我同样骂人家是猪,却只罚了我一百五十法郎呀!"

"很遗憾,我无能为力,因为猪肉涨价了。"

以上四实例,前三例是幽默,最后一例是笑话,它们之中都包含了"推不出"的错误。

在《夫人的见解》中,一幅画上画的火腿的多少与这幅画的优劣毫无联系,而那位夫人硬要在它们之间强加以联系,明显地犯了"推不出"的错误。

在《作文》中,弟弟和哥哥当然是同一个妈妈,这还用说吗?可是,弟弟将它作为他的《我的妈妈》这篇作文和哥哥写得一模一样的理由,就十分天真可笑了! 这二者之间同样毫无联系,从前者推不出后者!

在《地震》中,"地抖动得比我还厉害"显然不成其"不太怕"的充足理由,二者之间也毫无联系。但这位马赛人在此是故意违反充足理由律,以显示自己在危险面前的乐观主义精神。很有幽默感。

在《罚款》中,因为骂人家是猪而被罚款,其罚款数量的增加与猪价的上涨之间毫无联系。而法官在此望文生义地凭借二者之间都包含一个"猪"字,就生拉活扯地强加以人为的联系,明显犯了"推不出"的错误,令人捧腹大笑。

以下笑话幽默中也都包含或隐含了"推不出"的错误,请大家欣赏,并进行逻辑分析:

哭 什 么

轮船穿了个大窟窿,乘客们大叫大嚷,哭哭啼啼。

其中有个男人哭得尤其伤心。这时,一个水手向他走去,问道:"您大嚷什么呀?难道这是您的船吗?"

陈 年 好 酒

"售货员同志,你看我这酒里怎么漂着根白头发?"

"同志,你从这里就可以看出我们的酒是陈年好酒。"

在 鱼 市

"喂,同志,这鱼不新鲜,上星期天你卖给我们的可是新鲜鱼呀。"

"同志,这鱼和上星期天卖给你的一样新鲜,是同一天进货的呀。"

钢笔没耳朵

丽丽不小心,丢失了一支钢笔,她心里很不高兴。兰兰给她出了个主意,"是不是让学校给广播一下,帮助找一找。"

丽丽听了,摸摸脑袋,愣了一会儿,说:"不行,钢笔没有耳朵,喇叭再响,他也听不见。"

美 人 的 年 龄

罗马美人菲比娅·多拉贝拉说她三十岁了,有人不相信,去问有名的学者西塞罗。

这位哲学家说:"那一定是真的,因为二十年来,我听说她一直是这么讲的。"

这个城市一定很有钱

钢琴家波奇有一次到美国福克林城演奏。幕布拉开时他发现全场大半座位是空的,当然很失望。但是他走向舞台的脚灯,对听众说:"福克林这个城市一定很有钱。我看到你们每人都买了两三张座位的票。"

于是,这没满半座的剧场里充满了友好的笑声。

《这个城市一定很有钱》作为本书所引最后一则幽默,可说是故意违反充足理由律从而引发愉悦笑声的典范。然而,笔者所由此预感到的却是,我这书将会遭遇与"全场大半座位是空的"类似的命运——许多人会不屑一读。何况,我既不是钢琴家,也无缘学到那"每个人都买了两三张座位的票"的幽默感!毕竟没有人愿意大发慈悲出钱买上两三本这样的书呀!再说,就算是有人勉强读完了它,我想也不会发出"友好的笑声"的。因为本书的读者,特别是其中的专家一定会发现书中破绽百出、疑问多多。不过,好在我已多次承诺,本书将有续编《笑话·幽默逻辑赏析》。到时,我一定设法填补破绽,尽心解疑——当然同样不会尽如人意。